故宫经典 CLASSICS OF THE FORBIDDEN CITY
PAINTED FURNITURE IN THE PALACE MUSEUM COLLECTION

故宫彩绘家具图典

故宫博物院编
COMPILED BY THE PALACE MUSEUM
故宫出版社
THE FORBIDDEN CITY PUBLISHING HOUSE

图书在版编目（CIP）数据

故宫彩绘家具图典 ／ 胡德生主编． － 北京：故宫
出版社，2013.10（2021.6重印）
（故宫经典）
ISBN 978－7－5134－0485－3

Ⅰ．①故… Ⅱ．①胡… Ⅲ．①彩绘－家具－中国－
明清时代－图集 Ⅳ．①TS666.204－64

中国版本图书馆CIP数据核字（2013）第233238号

编辑出版委员会

主　任　单霁翔

副主任　李　季　　王亚民

委　员（按姓氏笔画排序）

冯乃恩　　纪天斌　　闫宏斌　　任万平　　陈丽华　　宋纪蓉

宋玲平　　杨长青　　余　辉　　张　荣　　胡建中　　赵国英

赵　杨　　娄　玮　　章宏伟　　傅红展

故宫经典
故宫彩绘家具图典
故宫博物院编

主　　编：胡德生
作　　者：胡德生
摄　　影：胡　锤　冯　辉　赵　山　刘志岗
图片资料：故宫博物院资料信息中心

出 版 人：王亚民
责任编辑：徐小燕　姜润青
装帧设计：李　猛
出版发行：故宫出版社
　　　　　地址：北京市东城区景山前街4号　邮编：100009
　　　　　电话：010－85007800　010－85007817
　　　　　邮箱：ggcb@culturefc.cn

印　　刷：北京启航东方印刷有限公司
开　　本：889×1194毫米　1/12
印　　张：26
字　　数：30千字
图　　版：334幅
版　　次：2013年10月第1版
　　　　　2021年6月第2次印刷
印　　数：3001-5000册
书　　号：ISBN 978-7-5134-0485-3
定　　价：460.00元

经典故宫与《故宫经典》

郑欣淼

故宫文化，从一定意义上说是经典文化。从故宫的地位、作用及其内涵看，故宫文化是以皇帝、皇宫、皇权为核心的帝王文化和皇家文化，或者说是宫廷文化。皇帝是历史的产物。在漫长的中国封建社会里，皇帝是国家的象征，是专制主义中央集权的核心。同样，以皇帝为核心的宫廷是国家的中心。故宫文化不是局部的，也不是地方性的，无疑属于大传统，是上层的、主流的，属于中国传统文化中最为堂皇的部分，但是它又和民间的文化传统有着千丝万缕的关系。

故宫文化具有独特性、丰富性、整体性以及象征性的特点。从物质层面看，故宫只是一座古建筑群，但它不是一般的古建筑，而是皇宫。中国历来讲究器以载道，故宫及其皇家收藏凝聚了传统的特别是辉煌时期的中国文化，是几千年中国的器用典章、国家制度、意识形态、科学技术，以及学术、艺术等积累的结晶，既是中国传统文化精神的物质载体，也成为中国传统文化最有代表性的象征物，就像金字塔之于古埃及、雅典卫城神庙之于希腊一样。因此，从这个意义上说，故宫文化是经典文化。

经典具有权威性。故宫体现了中华文明的精华，它的地位和价值是不可替代的。经典具有不朽性。故宫属于历史遗产，它是中华五千年历史文化的沉淀，蕴含着中华民族生生不已的创造和精神，具有不竭的历史生命。经典具有传统性。传统的本质是主体活动的延承，故宫所代表的中国历史文化与当代中国是一脉相承的，中国传统文化与今天的文化建设是相连的。对于任何一个民族、一个国家来说，经典文化永远都是其生命的依托、精神的支撑和创新的源泉，都是其得以存续和赓延的筋络与血脉。

对于经典故宫的诠释与宣传，有着多种的形式。对故宫进行形象的数字化宣传，拍摄类似《故宫》纪录片等影像作品，这是大众传媒的努力；而以精美的图书展现故宫的内蕴，则是许多出版社的追求。

多年来，故宫出版社出版了不少好的图书。同时，国内外其他出版社也出版了许多故宫博物院编写的好书。这些图书经过十余年、甚至二十年的沉淀，在读者心目中树立了"故宫经典"的印象，成为品牌性图书。它们的影响并没有随着时间推移变得模糊起来，而是历久弥新，成为读者心中的故宫经典图书。

于是，现在就有了故宫出版社的《故宫经典》丛书。《国宝》《紫禁城宫殿》《清代宫廷生活》《紫禁城宫殿建筑装饰——内檐装修图典》《清代宫廷包装艺术》等享誉已久的图书，又以新的面目展示给读者。而且，故宫博物院正在出版和将要出版一系列经典图书。随着这些图书的编辑出版，将更加有助于读者对故宫的了解和对中国传统文化的认识。

《故宫经典》丛书的策划，无疑是个好的创意和思路。我希望这套丛书不断出下去，而且越出越好。经典故宫藉《故宫经典》使其丰厚蕴涵得到不断发掘，《故宫经典》则赖经典故宫而声名更为广远。

目 录

明清家具的彩绘工艺

胡德生

自从人类进入文明社会以来，在人们的生产和生活实践中就已掌握并运用彩绘技术为人类自身服务了。在中国艺术史上，彩绘工艺始终盛行不衰，而体现这种工艺最充分的器物首推日用家具。

家具作为人们的生活用具，与人们朝夕相处，成为人们生活的一个重要组成部分。随着精神文明与物质文明、文化与艺术的不断发展，家具已不是简单的生活用具了。在家具的造型、纹饰及使用习俗中，充分表现了中国的传统文化和思想。家具已成为中国传统文化最丰富的物质载体，这些传统文化主要是通过 彩绘手法来表现的。

彩绘工艺在家具上的体现主要指各类漆饰家具。在高档硬木家具出现之前，中国传统家具主要是漆饰家具。即使在硬木家具出现之后，漆饰家具仍占很大比重。可以说，从远古到明清时代，漆饰家具始终盛行，并可以贯穿中国家具史的始终。

我国漆工艺术历史悠久，早在原始社会末期，就已开始用漆来装饰器物了。《韩非子·十过》载："舜禅天下而传之于禹，禹作为祭器，墨漆其外而朱画其内，缦帛为茵，蒋席颇缘，觞酌有彩，而尊俎有饰。此弥侈矣，而国之不服者三十三。夏后氏没，殷人受之，作为大路，而建九旒，食器雕琢，觞酌刻镂，四壁垩墀，茵席雕文。此弥侈矣，而国炎不服者五十三。"这段话的意思是说：舜得天下而传之于禹，禹为了乞求神灵和祖先的保佑，令人制作了大批祭器，这些祭器的里面全部用红漆描绘的精美花纹，

外面糅黑漆；茵褥都用丝织品制成，用菱白织席，并以丝织物包边。还有饮酒和盛放酒食的用具也装饰着华丽的纹饰。这种奢侈行为令三十三个诸侯国不服。夏朝灭亡后，建立商朝，出乘大车，冠冕前后各饰九条玉珠串。饮食器及酒器雕刻花纹，宫殿的四壁刷着白色，殿前建有宽敞的空地，茵席上装饰着彩色的花纹，这种比夏禹更弥侈的情况令不满的诸侯国达到五十三个之多。

由此说明，我国漆器工艺在商周时期已具有很高水平，这在考古发掘中也可以得到证实。商代遗址中多次发现有描绘或镶嵌的漆器残件。在此之前，肯定还要经历一个发展过程。这说明，远在原始社会末期，我们的祖先就已认识并使用漆来涂饰日用器物。这样既保护了器物，又起到很好的装饰作用。

此后战国楚墓出土的有漆箱、漆案、漆几。河南信阳长台关战国墓出土有彩漆木床，此床通体糅漆彩绘花纹，工艺精湛，装饰华美，是一件可贵的实物资料。湖南长沙马王堆西汉墓出土的云纹漆案，有两件形制相同，斫木胎，平底长方形，四角有矮足；案内糅红、黑相间的漆地各两组，黑色漆地上绘红色和灰绿色组成的云纹，红地上无纹饰；四周有高于面心的矮壁，内外两面彩绘几何云纹，底部黑素漆，红漆书"轪侯家"三字。其中一件出土时上置漆盘五件，漆耳杯一件，漆卮二件。扬州西湖乡出土的两件西汉晚期彩绘漆案，其一，长 21 厘米, 宽 15 厘米, 高 7 厘米;长方形，木胎糅漆，边框外侈，四足作马蹄状;

边框内外髹紫红色漆地，再髹朱绘几何纹；案面由两组朱红漆和一组紫红漆画面构成，朱红漆上用黄和灰绿色绘几何纹和星云纹；彩绘用色深浅不同，粗细不等，有转有折，颇具书法情趣。出土时有数只小耳杯置于案上，均外髹褐漆，内髹朱漆。口沿及耳朱绘流云，腹部绘朱雀四对，表现了汉代漆器轻巧华丽的风格。其二，尺寸与前相同，只是装饰花纹不同。漆案长方形，木胎髹漆，四框匝圈高于面心，为汉代食案的常式；面下装内敛式马蹄形矮足，边框内外髹紫红色漆地，朱绘几何纹，以朱红和紫红相间饰案面；朱红两组，紫红一组；另在朱红漆地上用朱红和暗绿色漆彩绘星云纹，出土时上置漆耳杯数枚。

除以上各例之外，甘肃敦煌唐代壁画中描绘的架子床、榻；江苏苏州瑞光塔出土的五代黑漆嵌螺钿经箱、舍利函；河南禹县宋墓壁画《对坐图》中的彩绘家具；山西洪洞广胜寺水神庙中的元代壁画《卖鱼图》；山西大同元代冯道真墓壁画；内蒙古元宝山的元墓壁画，都描绘着精美的彩漆家具。

至元末明初，漆工艺术已很发达。从明代隆庆年黄成编著的《髹饰录》中了解到，明代是漆工艺术最发达的时期，这时期出现了很多漆工艺人。较为著名的有：浙江嘉兴西塘的张成、杨茂，元末明初人，以制剔红最为著名；又有戗金戗银，以黑漆为地，雕刻山水、树石、花竹、翎毛、亭台、人物，调雌黄、铅粉以金银箔敷之。明宣德时有张德刚，张成之子，其父善制剔红器，永乐时琉球购得之，献于成祖，成祖闻而召之。此时张成已殁，德刚能继父业，随召至京面试称旨，即授营缮所副，赐宅复其家。当时还有个叫包亮的人，技艺亦很高，与德刚争巧，宣德时亦召为营缮所副。据《嘉兴府志》载：

洪髹，人名，亦善造漆器。精巧绝伦，积久不败，名擅一时。……杨埙，字景和，杨茂之子。髹笔妙绩染，凡屏风器具上，山水人物花鸟无不精绝。古来名画手莫能过。善以彩漆制屏风器物，极其精巧。多以泥金书题于上，尤其善长书画。

《两山墨谈》卷十八有这样一条记载：

近世泥金画漆之法出于倭国，宣德间尝遣工杨某至倭国传其法以归。杨之子埙遂习之，又能自出新意，以五色金钿并施，不止循其旧法。倭人来中国见之亦瞠指称叹，以为虽其国创法，然不能臻其妙也。

明穆宗隆庆时，新安黄平沙、方信川造别红器可比果园厂，花果人物之妙，刀法圆洽精朗。还有扬州夏漆工，不知年月，善治古漆器，有别红、填漆二种，以金银铁木为胎，朱漆三十六次，镂以细锦，盒有蔗段、蒸饼、河西三幢、二幢诸式。盘有方、圆、八角、绦环、四角、特丹、花瓣诸式。匣有长、方、两三幢诸式。

郑师许在《漆器考》中对明代漆器的评价亦很高，"明初，似又较元代为精，清秘藏云，'我明永乐年果园厂所制及宣庙所制，不独用朱胎，精美之甚，其款文尤胜。底刻大明永乐年制者，用针刻而填以黑漆，大明宣德年制者，刀刻而填以金霄'。"明代除浙江嘉兴西塘、江苏扬州外，还有宁波、福州两地，漆业也很发达。

论及漆器品种和制用工艺，我们还是不能不提到《髹饰录》，它是一部具有极高历史与学术价值的著作。对我们今天的工艺美术仍有重要的参考价值。《髹饰录》共十八章，其中第一章讲制作漆器的各种原料及各种工具设备。第二章讲制作漆器时容易发生的各种问题，以及发生这些问题的原因。第三章至第十六章介绍漆器的类别和不同品种。王世襄先生经过多年潜心研究,为《髹饰录》做了详细解说,比明代天启年西塘杨明的注解又前进了一步。我们不妨引录一段王世襄先生《髹饰录解说》的目录,就能使大家对明清时期的漆器品种有一个全面了解。

......

从此段目录看出明代漆器已发展到十四个门类,八十五个不同品种。杨明在《髹饰录注解》的序文中说:"今之工法,以唐为古格,以宋元为通法。又出国朝厂工之始,制者殊多,是为新式。于此千文万华纷然不可胜识矣。"说明了明代漆器的产量、制作工艺和品种在宋元基础上又有了很大发展和提高。论及故宫藏漆器家具品种,大体可分为十余个品种,概括如下:

素漆家具、雕漆家具、描金漆家具、罩金漆家具、填漆描彩漆家具、填漆戗金家具、理沟戗金家具、剔犀家具、堆灰刻灰家具及综合工艺家具等。

明清两代的漆绘家具有很多带有确切年款,为我们了解各时期漆器家具的造型、纹饰、特点,提供了重要依据。清代则更加丰富,且有大量历史档案记载。带年款器物的重要意义在于不用考虑它的时代,因为年款已经明确告诉你了。带年款器物的作用是为我们提供了鉴别同类无款器物的标准,从它们的造型、纹饰、色彩、工艺手法等方面,能总结出它们的时代特点和规律,用这些经验和规律去衡量和对比同类无款器物,将是无可辩驳的有力依据。

明代是中国漆工艺发展史上的黄金时期,这时期能工巧匠辈出,传世作品亦很丰富。由于国力强盛,各项民族手工艺得到高度发展,明代宫廷内日用器物,除各地方官员进贡外,明宫内府还专设有二十四衙门分管皇家各种器物的采办和制造。其中御前作、御用监、内官监,专门承做各项漆工活计。御前作专管营造龙床、龙桌、箱柜之类；御用监主管造办御前所用围屏、摆设、器具及螺钿、填漆、雕刻、盘匣、扇柄等件；内官监所管十作，其中油漆作专司宫殿建筑的油漆活计。从中可以看出明代漆器工艺的发展状况，而且分工也很细。从现存宫中的实物看，确实达到了"千文万华，纷然不可胜识"的景象。

这时期的漆家具大都以较软的木材做骨架，打磨平整后涂生漆，趁生漆未干裱糊麻布，再用压子压麻布，使下面的生漆透过麻布孔渍到上面来，干后打漆灰腻子，经打麻平整，上大漆两至三遍，做成器物后不露木骨。而进入清代以后，出现了以硬木做框，内镶板心，然后以上述做法，做成素心板，在此基础上再进一步装饰其他漆工艺的技法。在苏州、北京常有这种作品。如：紫檀漆心多宝格、紫檀漆心长桌等。

在硬木家具上直接用彩漆描画花纹也是清代漆饰家具的新品种。这类作品尽管不是很多，在清代彩绘家具中，仍是一个单独的品种。如：紫檀描金扶手椅，紫檀描金多宝格等，可以说是突破传统、大胆创新的典形实例。

清代漆工艺继承了明代的传统，明代的漆器品种清代继续制作，同时又有了新的发展。从漆器的原料来说，主要是对生漆的提炼。由于漆器品种的增加，需要根据不同要求制作多种漆原料。清代漆原料主要有：明光漆、点生漆、生熟黑漆、西生漆、黄严生漆、退光漆、笼罩漆、朱漆、连四退光漆、血漆等。好多都是清代新开发的品种。由于原料的改进，同样的工艺手法，制作出的器物与明代就有着明显的区别，最明显的品种是仿洋漆家具。清代漆家具品种有：黑漆、朱漆、金漆、描金漆、仿洋漆、彩漆、填漆、戗金漆、识文漆、堆起漆、漆地嵌螺钿、漆地百宝嵌、雕漆、剔彩漆等，也有一些综合多种工艺于一器的家具。

清代漆器家具的发展得益于康、雍、乾三朝盛世的形成，由于经济的发展，自然会带动各项民族手工业的发展。

漆器行业也不例外。而嘉庆、道光以后，国运开始衰退，漆器行业也和其他行业一起走向衰落。纵观整个漆工艺历史，清代康、乾时期是一个漆工艺术高度发展时期，其产品种类和数量都超过前代。明代漆器产地主要为北京、扬州、福州、云南、山西等地，而清代又增加了苏州、南京、贵州、杭州、江西、广州、四川等地区。作品最精的当然还要说北京的清宫造办处了，是从全国各地招收最优秀的工匠，在皇宫应役。尽管还有多数艺人仍在各地制作器物，但高档艺术品也被当地官员以各种途径进到皇宫，这就是现今皇宫收藏大量漆器家具的原因。

清代漆工艺在明代基础上又出现了一些新品种，较突出的是仿洋漆。它是中国与日本在文化艺术方面互相交流借鉴的产物。我国早在 2000 多年前就已在漆器上装饰金银了。从近年考古发掘出土的战国及汉唐漆器看，有不少饰金饰银的做法。大约在隋唐之际传入日本，后来泥金、描金漆器在日本得到高度发展后，又反过来影响中国的漆术；中国的漆工发挥了自已的聪明才智，在日本漆器的基础上又有提高，诞生了让日本艺人也"不能臻其妙"的"仿洋漆"，在明清之际形成一时之俏。清代档案记载洋漆的也屡见不鲜，这是因为当时人们的意识中就认为描金、洒金之法来自日本，冠以"洋"字也是很自然的事了。

目前故宫博物院的收藏品中，不仅有一定数量的洋漆家具，更有大量的仿洋漆家具。"仿洋漆"的本质是在洋漆的基础上又有所不同，形成了自已的独特风格。有史料记载，从康熙晚期至乾隆初期，宁波和厦门开放了20 年的通商口岸。在这 20 年中，中国从日本和西洋各国进口了大批洋货，其中包括大批漆器家具和日用品，以日本货物占多数。这些东洋漆器装饰华丽，极受雍正和乾隆帝的赏识，开始大批仿制。造办处档案中经常有洋漆活计。内务府档案记载："雍正七年十二月，在圆明园内，特为洋漆活计建造一座地窖，专缎带洋漆作荫室之用。"说明在圆明园内，也曾建造过制作洋漆器物的作坊。

"雍正八年内务府大臣海望奉上谕：造办处所做洋漆活计甚好，着将做洋漆活计之人每人赏银十两。做的荷叶臂搁亦好，亦赏缎带银十两，钦此"。雍正皇帝除为洋漆制作提供必要的便利条件和赏赐工匠外，还时常对洋漆的制作提出意见和要求，足见其对洋漆器物的喜爱和重视。为讨皇上欢心，各地官员是投其所好，竞相仿做洋漆家具，做为地方方物进献给皇宫。

据清代档案《宫中进单》所记：

雍正六年九月十六日，福建总督臣高其卓恭进：
洋漆香几一对，洋漆书匣一对。

雍正八年十月十八日，苏州布政使高斌进：
苏作洋漆香几十二对。

雍正十年八月二十八日，通政司右通政署理苏州巡抚驻扎苏州臣乔世臣恭进：
洋漆书架一对，洋漆文柜一对。

雍正十年八月二十八日，江宁织造李英跪进：
洋漆长方香几成对，洋漆乳金香几成对，洋漆乳金香盒成对。

雍正十年十月二十三日，通政司右通政署理苏州巡抚驻扎苏州臣乔世臣恭进：
洋漆书架一对，洋漆香盘一对，洋漆文柜一对。

雍正十一年九月二十四日，两江总督管理苏州巡抚事

务高其倬进：
洋漆炕桌两张，洋漆小书橱成对。

雍正十二年二月二十七日，管理福建海关事务郎中奴才准泰跪进：
仿洋漆山水香几四对，洋漆方式香盒成对，
洋漆稽古香盒成对，仿洋漆各式香橼盘八对，
仿洋漆各式小花盆十对。

雍正十二年九月十五日，苏州巡抚高其卓进：
洋漆香屏一对，洋漆炕桌两对，
洋漆香几二对，洋漆方盒成具。

雍正十二年十月十八日，长芦巡监御史奴才郑禅宝恭进：
洋漆圆柜成对，洋漆方柜成对，
洋漆几柜成对，洋漆小阁成对，
洋漆套几成对。

雍正十二年十月十八，署理福州将军印务海关监督郎中奴才准泰进：
洋漆书格成对，洋漆书桌成对，
洋漆各式香几五对，洋漆各式香盒五对。

雍正朝宫中进单第十七包，管理福建海关事务郎中奴才准泰跪进：
万方同庆洋漆砚匣成对，海屋添筹洋漆砚匣成对，
方胜洋漆香盒成对，稽古洋漆香盒成对，
梅花洋漆香盒成对，桌式洋漆香盒成对，
长式洋漆香盒成对，圆式洋漆香盒成对，

山水洋漆香几成对。

（此档无具体年份，从准泰进单分析，应在十一年至十二年之间。）

雍正十二年十月二十日，江南总督赵弘恩进：

洋漆书架一对。（交圆明园总管）

以上只是雍正朝宫中进单的一小部分，涉及制作洋漆家具的有福建、苏州、江宁、江南等地，以福建和苏州最多。到了乾隆年，除上述各地外，又增加了江西、淮安、两广及浙江。档案中有洋漆和仿洋漆两个名称，实际都是仿洋漆。

本书收录的故宫漆饰家具，只是藏品中的一部分精品，还有大批重复品和漆艺品件。纵观故宫藏漆器家具全貌，可谓千文万华，绚丽多彩。论艺术水平不在硬木家具之下，它与硬木家具一起，以不同的艺术风格，渲染着中华民族灿烂悠久的历史特点和文化传统。

纵观中国古代家具史，每个时期都有优秀家具出土或传世。这些优秀家具，无不饱含着中华民族的传统与文化。从这个意义上讲，在家具的形貌、纹饰以及人们使用家具的习俗中，又包含着丰富的非物质文化因素。彩绘作为家具艺术的不同装饰手法，在传承和弘扬民族文化艺术的活动中，具有十分重要的意义和作用。

素漆家具

单色漆家具又称"素漆家具"，即以一色漆油饰的家具。常见有黑、红、紫、黄、褐诸色，以黑漆、朱红漆、紫漆最多。黑漆又名玄漆，乌漆，黑色本是漆的本色，故古代有"漆不言色皆谓黑"的说法，因此，纯黑色的漆器是漆工艺中最基本的做法，其他颜色的漆皆是经过调配加工而成的。素漆家具在众多种漆器中是等级较低的品种，也是用量最多的品种，只是由于漆家具不易保存，很难流传至今。在皇宫中仍有遗存，数量也不是很多。单色漆分"揩光"和"退光"两种做法，揩光漆是用透明漆，要求漆面莹滑如玉，光可照人。退光漆是漆后经打磨使漆光内蕴，要求古色如乌木。

1

黑素漆扶手椅

明

长 58 厘米　宽 50 厘米　高 98 厘米

　　此椅外表髹黑漆，全身光素，无纹，是漆器家具中最普通的一种做法。

　　椅座面落堂镶板，搭脑、扶手、连帮棍做出曲线造型，靠背板微向后弯，与搭脑结合，形成背倾角。四腿与面上立柱一木连做，且侧角收分异常明显，颇具稳定感。腿间安直形券口牙子。

榆木擦漆扶手椅

清早期

长 58 厘米　宽 43 厘米　高 98 厘米

　　椅通体榆木制，外表髹红漆，造型特点保留明式风格，弧形搭脑，流线形扶手，后背作 S 形，并微向后弯，形成背倾角。背板上部浮雕卷叶纹。面下装壸门式牙条，步步高赶枨，侧角收分明显。

　　此种椅在明清时期北方广大地区普遍流行。

3

紫素漆嵌珐琅面圆杌

<u>明</u>

<u>面径 42.5 厘米　高 44 厘米</u>

　　杌圆形，面心镶双龙戏珠纹铜胎珐琅片。面下有束腰，四腿上节外露，中间镶板，挖鱼门洞。束腰下承托腮，壶门式牙条与腿交圈，呈鼓腿膨牙式。五足内卷成云纹样，下踩圆珠，足下带托泥。

　　圆杌除座面嵌珐琅外，通体光素髹红漆，边沿及棱线处原有金色装饰，仔细看仍依稀可见。

4

黑素漆洒螺钿长桌

明晚期

长 111 厘米　宽 79 厘米　高 79.5 厘米

长桌通体髹黑漆，在牙条与腿面上用泥金绘出双龙戏珠纹。

桌面长方形，桌牙与腿为插肩榫结构，牙条壸门式与腿交圈，两侧腿间装双横枨，四腿有明显的侧角收分，方形铜马蹄。桌里底部穿带上有刀刻描金"大明万历年制"楷书款。

5

榆木擦漆方桌

清

长 87.5 厘米　宽 87.5 厘米　高 82.5 厘米

　　桌榆木制，面下有束腰，低罗锅枨上装两组双矮佬，正中安卷草纹卡子花。罗锅枨两端安拐子纹托角牙，直腿内翻回纹马蹄。

　　这类器物在做完木胎之后不用糊麻布，也不用刮漆灰腻子，而是在桌身通体刷一遍黑漆，是漆器家具中工艺最简便的一种。

6

紫素漆长方桌

清

长 138.5 厘米　宽 60 厘米　高 85 厘米

桌为长方形。四腿柱前后装牙板和牙头。通体紫漆地，无任何装饰。单色漆器是漆工艺中最基本的做法。

7

榆木擦漆方桌

清晚期

面方 88.5 厘米　高 83 厘米

　　桌通体榆木制，面下有束腰，每面各镶小木条三个，起额外的装饰作用。牙条正中垂注堂肚，阴刻卷云纹。腿间装罗锅枨，四直腿下带马蹄。从整体看，四腿有明显的侧角收分，稳重大方。

　　方桌表面薄涂一层偏红的清漆，透过漆层依然可以看到木纹。这类漆家具由于工艺简便，在清代晚期至民国时期曾大量生产。

黑漆宴桌

清

长 95 厘米　宽 65 厘米　高 31 厘米

　　宴桌木胎，髹黑漆，通体光素无纹饰。面下
有束腰，曲边桌牙。膨牙三弯式腿，外翻马蹄，
足下带承珠。

　　这类宴桌故宫保存较多，为乾隆皇帝举行
千叟宴时下级官员所用。

9

黑素漆棋桌

<u>明晚期</u>

<u>长84厘米　宽73厘米　高84厘米</u>

　　棋桌通体黑漆地，桌面边缘起拦水线，为活榫三连桌面，足合四分八，突起罗锅枨式桌牙。正中桌面为活心板，桌面盘侧镟圆口棋子盒两个，均有盖。内装黑、白料制围棋子各一份。棋盘下有方槽，槽内左右装抽屉两个，内附雕玉牛牌二十四张，雕骨牌三十二张，骨掷子牛牌两份，纸筹两份，掷子筹等一份，木刀、小镊子等工具各一份，锡钱两半。均带木匣。

　　桌面无款。从其漆色及做工来看，应为明万历时作品。

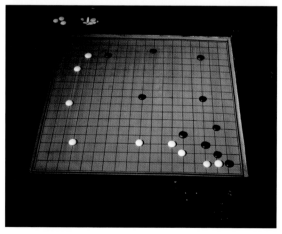

10

黑素漆柜格

明末清初

长 127.5 厘米　宽 64 厘米　高 249.5 厘米

　　柜格木胎，髹黑漆，四框方材，中分三格，上部平设抽屉两具，下部设平屉一层。后背镶板，左右及正面开敞，只在上部两侧镶以十字连方棂格，取封而不闭之意。下部直牙条，铜套足。

黑素漆门式多宝格

<u>清早期</u>

<u>长 159.5 厘米　宽 20 厘米　高 158.5 厘米</u>

多宝格为门式，框架外面起混面双边线。间饰拐子纹花牙。架格当中设小格，高低错落，富于变化，大大小小无一相同，且四面透空。两侧几架四框落地以拐子纹做腿足。

多宝格通体木胎，髹黑漆，所有边线及牙子边缘均饰金漆。

12

紫素漆洋式格

清

长 95 厘米　宽 44 厘米　高 153 厘米

　　格为东洋式，顶板两端带翘头。格身四角立柱及两侧镶板里外髹紫色漆，正面或推拉门，或对开门，或三面开敞，或安抽屉，均以不同成色金漆髹饰。每孔大小不一，高低错落，富于变化。格身之下配素漆长几，鼓腿膨牙三弯式腿，牙条作壶门式。

　　此格整体以紫漆为主，在紫色地子衬托下，使金色图案显得异常突出。

13

紫素漆云龙纹洋式格

<u>清</u>

<u>长 130 厘米　宽 44 厘米　高 205 厘米</u>

　　格造型为东洋式，器身表面满髹紫色素漆。
格分两层，上部圆形顶端带透雕云龙纹帽子，
圆形格内设小橱及屉板，浮雕各式花鸟纹。底
座以透雕加高浮雕手法雕海水龙纹，浪花向两
侧飞溅，围护着圆形格体下圈，好似一轮明月
从海中升起。格座下部四足取香炉式三弯腿，
下踩托泥。

14

黑素漆梳妆台

清

长 92 厘米　宽 73 厘米　高 168.5 厘米

　　梳妆台木胎，通体黑漆地，由上中下三节
组合而成。正面门板、小橱、抽屉脸镶嵌金
漆地彩绘花卉纹板心。顶板两端出翘头，下安
金漆地彩描花卉扒拉门。中留一段空间，两端
有立柱支撑，下部为两个小橱，中间平设两层
抽屉，正中立一玻璃镜，供化妆使用。中层为
台面，面下平设抽屉三具，以金漆做地，描画
折枝花卉。台面前角用两条弧形腿支撑，后部
坐落在一个长方形小柜上。小柜两侧装抽屉，
下有底座。

　　此台从其造型、纹饰及整体风格看，应为
清代晚期东洋制品。

雕漆家具

在明清两代，雕漆家具制作也很多。其工艺是在素漆家具上反复上漆，少则几十道，多则一百余道。每次在八成干时再漆下一道，油完后，在表面描上画稿，以雕刻手法装饰所需花纹，然后阴干，使漆变硬。雕漆又名"剔漆"，有红、黄、绿、黑色几种，以红色最多，又名"剔红"。明代雕漆大多圆润柔和，漆质纯正，色泽鲜亮。雕刻图案遵循宋元时期的章法及风格，并有所创新。

从历史记载可以看出，明代雕漆器有两大特点，一是浑厚、圆润，俗谓"藏锋不露"，即经过打磨、抛光，不露刀痕。这一派以嘉兴西塘张成、杨茂以及后来的张德刚、包亮、黄成、杨明为代表。另一派是以云南地区为代表的云南雕漆。明代沈德符《万历野获骗》中介绍云南雕漆时说："唐之中世，大理国破成都，尽掳百工以去，由是云南漆织诸技，甲于天下。唐末复通中国，至南汉刘氏与通婚姻，始渐得滇物。元时下大理，选其工匠最高者入禁中，至我国初收为郡县，滇工布满内府，今御用监，供用库诸役，皆其子孙也。其后渐以消灭。嘉靖间，又敕云南拣选送京应用。"云南雕漆的明显特点是刀痕明显，锋棱外露，与嘉兴派风格有很大区别。明代高濂《遵生八笺·燕闲清赏》中早就讲到了这一点："云南人以此为业，奈用刀不善藏锋，又不磨熟棱角……"嘉靖以后，刀痕明显、锋芒毕露的雕漆器渐多，并没有人把它视为什么缺点，而是把它看作不同地区的风格特点而已。

15

剔红云龙纹罗汉床

<u>清中期</u>

<u>长 231 厘米　宽 125 厘米　高 108.5 厘米</u>

　　床通体木胎，髹红漆，以剔红手法装饰海水云龙纹。三屏式座围，双面饰"鱼龙变化图"。座面理沟填金五龙，一条正龙，四条行龙，并间布海水纹，座边沿凸雕海水螭纹。座面下有海水纹束腰及牙条。内翻马蹄，下承雕海水纹托泥。

　　此器形体宽大，是目前所见剔红器物最大的一件。

剔红夔龙捧寿纹宝座

<u>明末清初</u>

<u>长 101.5 厘米　宽 67.5 厘米　高 102 厘米</u>

　　宝座通体以剔红手法装饰,束腰下有托腮,浮雕连续凵字纹。直牙条,鼓腿膨牙,内翻珠式足,带托泥。靠背扶手用短材攒成夔龙纹,后背正中饰圆寿字,组成夔龙捧寿的图案。面下造型具有明式特点,而面上靠背扶手是明显的清式风格。

剔红云龙纹宝座

<u>清早期</u>

<u>横 125 厘米　高 76.5 厘米</u>

　　宝座腰圆式，前沿微向内凹，束腰下壶门式牙条，鼓腿膨牙，内翻马蹄，带托泥。面上五屏式座围，正中稍高两侧递减。通体髹红漆，以剔红手法雕刻各式花纹。五扇座围下部雕海水江崖纹，上部雕云龙纹，正中龙头上雕双夔凤围绕一卐字。两端站牙饰云凤纹，座围背面雕锦纹。座面雕九龙纹，间布云纹，边缘雕夔纹。牙条及腿部亦雕云龙纹。黑素漆里，边缘处有"大明宣德年制"仿款。

　　此宝座造型虽系明式，但所雕云龙纹及夔龙纹却带有典形的清代特征，因此断定此款为清代后仿。

18

剔彩大吉宝案

清中期

长 52 厘米　宽 32.2 厘米　高 33.5 厘米

案面长方形，面下束腰，四曲腿，足下连方形托泥。

剔彩有红、黄、绿三色，此案面雕庭院回廊，山石树木，院中置一葫芦，上雕"大吉"二字和八宝纹；四周有童子嬉戏，旗，灯，画上分别雕"三阳开泰"、"万寿无疆"等文字。

案面四边雕如意云头纹，牙条与横枨、腿足及托泥雕回纹。案底髹黑漆，中心雕刻填金"大吉宝案"器名款和"乾隆年制"楷书款。

19

剔红牡丹花纹香几

明早期

面方 43 厘米　宽 45 厘米　通高 84 厘米

香几几面为正方银锭委角式，边起拦水线，下承束腰，拱肩直腿带托泥。通体剔红串枝牡丹花纹。几面双飞孔雀串枝牡丹花纹，凹心回纹锦地边。四面牙板开壶门形曲边，鹤腿蹼足带托泥。侧脚收分明显，极具稳定感。

黑素漆里，刻："大明宣德年制"款。

此器颜色鲜红、刻工精练，孔雀和花卉纹饰生动饱满，刀法亦保持藏锋圆润的特点，为明代大件剔红器物中稀见之物。

20

剔黑彩绘梅花式杌

<u>清中期</u>

<u>面径 30 厘米　高 50 厘米</u>

　　杌面梅花式，以彩绘冰纹及黄色水纹锦为
地，饰白色梅花。边沿雕回纹，侧沿饰回纹和
蕉叶纹。面下有蕉叶纹束腰，托腮上下饰回纹，
牙条雕回纹和变形蕉叶纹。腿上满布六方剔花
锦纹，中线起回纹，腿间安有双环绳纹枨，内翻
马蹄。

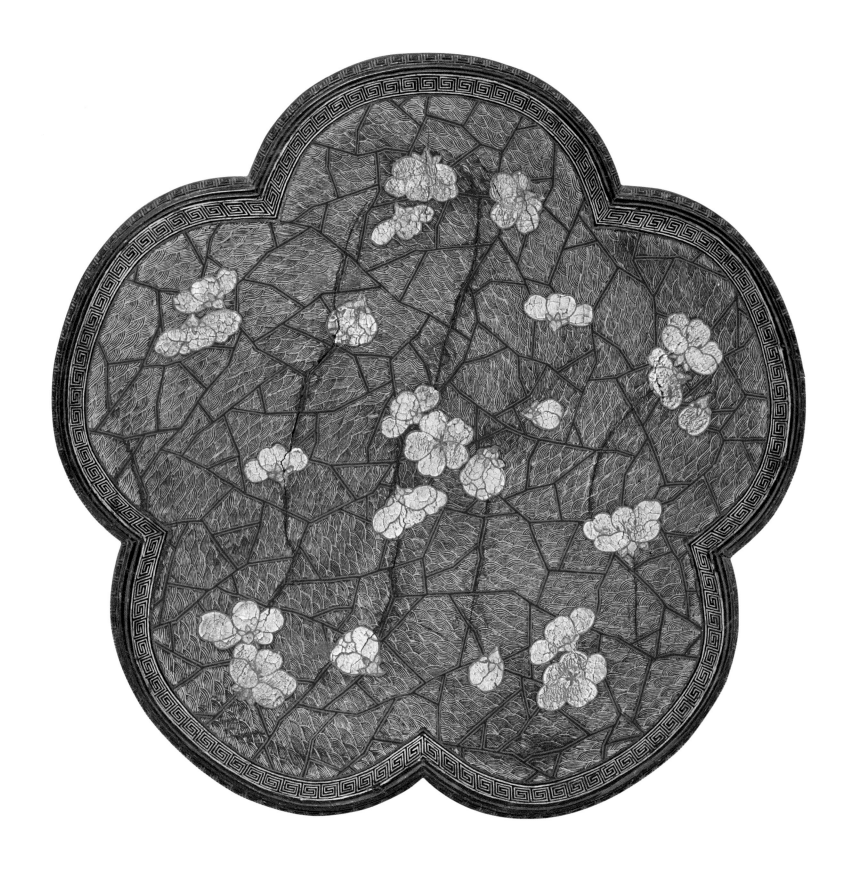

21

剔红花叶纹香几

<u>清中期</u>

<u>几长 42.6 厘米　宽 13.3 厘米　通高 31 厘米</u>

　　香几上置炉、瓶、盒，组合为一套，均雕朱漆。几面及侧面锦地上雕花叶纹，内翻四足与横枨相连。

　　此套漆器极具仿古趣味，雕刻精细，表现了清中期雕漆工艺的纹饰特点。成套的剔红漆器存世较少，颇为珍贵。

剔红卷草纹炕几

清中期

长 94.5 厘米　宽 25.5 厘米　高 34.5 厘米

　　几为长方形，通体以剔红手法满布花纹。几面回纹边，中心浮雕拐子纹及西洋卷草纹。正中点缀蝙蝠及鲶鱼，侧沿及腿浮雕桃蝠纹及拐子纹。托角牙为镂空拐子纹。两侧开光洞，下端上翻云头，托泥为海水纹。几里正中刻"大清乾隆年制"款。

23

剔红牡丹纹脚踏

明早期

长 51 厘米　宽 19.8 厘米　高 15 厘米

脚踏长方形，面下有束腰，壶门式牙条与

腿相交，并向内上翻。四腿拱肩外翻马蹄。前后各安条形托泥。通体黄漆做地，上施朱漆，再以剔红手法雕刻花纹。面雕牡丹纹，侧沿雕茶花、菊花、牡丹、桃花。束腰雕回纹锦地，牙子腿足及托泥雕茶花、桃花、牡丹、荷花、菊花、石榴、栀子、灵芝等纹饰。内髹赭色漆里。

此脚踏施漆较厚，雕刻手法圆润柔和。且漆色纯正，色彩艳丽，并间有断纹。从雕刻手法及风格特点看，应为明代早期作品。

剔红海水游龙纹小柜

清中期

长 40 厘米　宽 17 厘米　高 60 厘米

柜以横格分为上下两层。每层有两扇门，对开式。近底部置一抽屉，可推拉开启。柜正面朱漆雕海水游龙纹，两侧及顶面朱漆雕落花流水纹，边框和横格髹黑漆，雕云带纹和回纹，下层抽屉表面为剔黑海水游龙纹。柜内髹朱漆。

此柜造型工整别致，纹饰刻画精细，为清中期雕漆的典型作品。

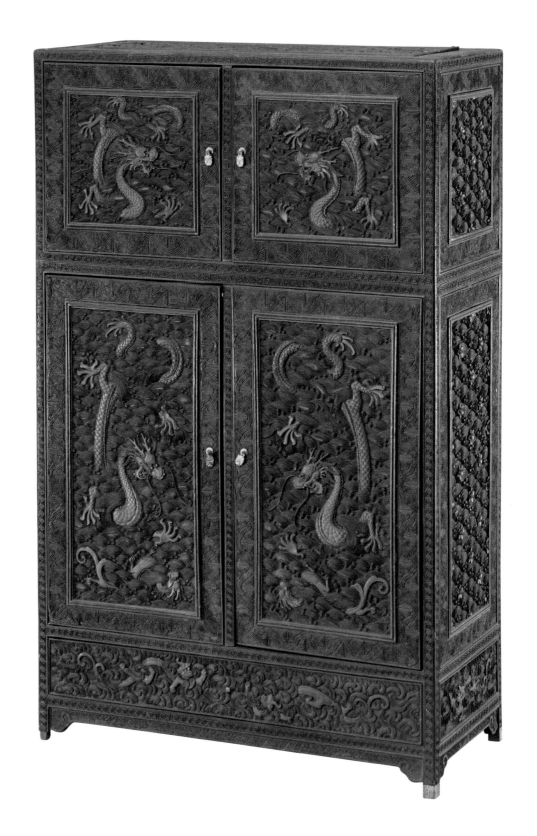

25

剔彩博古图小柜

清中期

宽 49 厘米　高 74 厘米

柜立式，门对开，中置立柱。通体髹朱漆，间施黄、绿等色漆。柜门及两侧面以红、绿、黄、白漆高浮雕雕花瓶、香炉等文房清供，组成博古图。边框雕缠枝花卉和卷草纹。柜内髹黑漆，上饰描金团花图案。分三层，并有二抽屉。

此柜漆质蕴亮，高浮雕图案系采用局部加色的处理技法，鲜活艳丽，雕工高超，展现出清代雕漆技艺的成就。

26

剔红松寿云龙纹小箱

<u>明中期</u>

<u>长 31.3 厘米　宽 21.2 厘米　高 33 厘米</u>

　　小箱通体剔红雕漆，雕刻精湛。箱顶开盖，正面插门，下承长方形足。盖下有屉，插门内设抽屉六具。箱体正面插门上雕松树三株，正中一株枝干盘成"寿"字形，至顶端现出龙首。松树左右伴有月季、灵芝，有祝颂长寿的吉祥寓意。盖面、箱体两侧以及背面均与正面纹饰相同。盖的立边雕云龙纹，箱内抽屉立壁雕折枝花卉及海水江崖纹。箱底髹黑漆，箱底正中有刀刻填金"大明嘉靖年制"楷书款，更显其箱的珍贵程度，对研究同类家具有重要的参考价值。

剔彩双龙纹小箱

明晚期

长 65 厘米　宽 40 厘米　高 61 厘米

　　箱顶设盖，前为插门，箱下连宽座。通体
以红、黄、绿三色漆雕刻锦地，插门云头式开光，
内雕双龙戏珠，火珠火焰上升，盘成寿字，上有
𠃌字纹及三星纹。开光外饰缠枝花卉纹和杂宝
纹。箱两侧和盖面开光内雕龙戏珠纹，外饰缠
枝花卉纹。

　　箱背面绿色海水地雕"松鹤图"，六只仙
鹤在松树上栖息或在空中盘旋，有"六合同
春"、"松鹤延年"之寓意。箱内及盖里均髹
红漆，内有抽屉五个，屉面均为双龙戏珠纹，
屉里髹黑漆。

28

剔红云龙纹盝顶匣

明早期

长 40.5 厘米　宽 13 厘米　高 13.3 厘米

此匣长方形，平底，盖四角上收为盝顶。匣通体黄漆素地雕朱漆，盖面雕回首龙纹，四周饰朵云纹，四面亦雕云龙纹，龙吻上扬，蜿蜒生动，珠焰飞舞，仍具元代遗风。

匣内黑漆匣底赭色漆，左侧刀刻"大明宣德年制"竖行楷书款，款内无戗金，此款下隐约可见"大明永乐年制"针刻款。原有针刻永乐款改为宣德款在明早期漆器中比较常见。永乐雕漆以盘、盒为主，而长方匣独此一件。

剔红山水人物花鸟提匣

明中期

长 23.8 厘米　宽 17.2 厘米　高 24.2 厘米

匣双层，带提梁，上层内备黑漆屉一具。

通体剔红，唯有提梁连座为朱地剔黑灵芝纹。匣面雕山水人物图景，云间见旭日升起，仙鹤曼舞。河岸上有三人相互攀谈，行向板桥，一童子挑酒具食盒紧随其后，河中一童子执浆泊船，似有郊游之意。盒前、后壁雕"杏林春燕图"，两侧壁雕石榴花。盒内及底均髹黑光漆。

30

剔犀福寿康宁长方盒

明晚期

长 19 厘米　宽 12 厘米　高 8 厘米

　　盒平盖面，圆角，底内凹。盖面从右至左刀刻双竖行"福寿康宁"四字，四字周围及盖壁、盒壁均雕如意云头纹。

　　此盒通体用黑、红两色漆髹成。剔犀器物多以如意云纹做装饰，加吉语者很少见，因此更显弥足珍贵。

31

剔犀如意云纹方盒

清中期

直径 15 厘米　高 12 厘米

　　盒方形，盖面微凸，圈足。通体髹黑、红二色漆，以黑漆为地，盖面、器身均雕如意形云纹，在云纹侧面可见有规律的三层红漆。盒内及底髹黑漆，底正中刀刻填金"如意云盒"器名款和"大清乾隆年制"楷书款。

大清乾隆年製 如意
雲盒

32

剔红寿山福海座屏

<u>清中期</u>

<u>长 70.7 厘米　宽 14.3 厘米　高 67.5 厘米</u>

座屏长方形，下承束腰双台式座。通体髹红漆，并雕饰卷草纹。屏心正面是浩瀚的海水，水面上船帆点点，随波荡漾；中心有仙岛矗立，

上面错落着殿台、楼阁、宝塔、圆亭、曲廊和树木。这些景物均用高浮雕的技法镂雕而成，在海水的衬托下，具有立体生动的效果。

屏心背面在黄漆素地上，精雕细琢篆体寿字 120 个，它们横纵有序，排列整齐。正背两面的纹饰寓意寿山福海，是宫中常用的吉祥图案。边框饰锦纹和勾莲花，基座以玲珑的栏板和缠枝花卉纹做装饰。

雕漆工艺集髹漆、绘画、雕刻于一身，是漆工艺中艺术表现力最强、最耐人赏析的品种，同时在制作上也是最费工时的品种。尽管如此，乾隆时期曾以雕漆工艺制作了大量的赏玩、陈设以及生活用器，从而使雕漆工艺得到前所未有的发展，并给我们留下了众多精美的作品。此座屏即是其中一例。

33

剔彩八仙博古图插屏

清中期

长 49 厘米　高 74 厘米

　　插屏为剔彩工艺制成,分红、绿、黄三色。屏心一面雕以花瓶、香炉等组成的博古图,另一面雕"八仙庆寿图"。长空彩云如带,波涛浩瀚,八仙高立平台,拱手迎接骑鹤而来的寿星,寓"八仙祝寿"之意。屏正背边缘开光内雕花卉纹,开光外雕拐子纹。屏座绦环板雕双龙戏珠纹,牙条雕云蝠纹。

描金漆是在素漆家具上用半透明漆调彩漆描画花纹，然后放入温湿室，待漆干后，在花纹上打金胶（漆工术语曰：金脚），用细棉球蘸最细的金粉贴在花纹上，这种做法又称"描金漆家具"。如果是黑漆地就叫"黑漆描金"，如果是红漆地就叫"红漆描金"。黑色漆地或红色漆地与金色的花纹相衬托，形成绚丽华贵的气派。还有的在金色花纹上，再用黑漆勾画细部花纹，使图案更加形象生动，则称为"黑漆理描金"。

描金漆家具在众多漆工艺中，工艺相对简便，因此制作较多，涉及家具品种也较丰富，在漆器品类中属大项目。

还有一种工艺叫"识文描金"，是在素漆地上用泥金勾画花纹，其做法是用清漆即透明漆调金粉或银粉，要调的相对稠一点，用笔蘸金漆直接在漆地上作画或写字。其特点是花纹隐起，有如阳刻浮雕。由于有黑漆地的衬托，色彩反差强烈，使图案更显生动活泼。故宫收藏这类家具不多。

最典型的是清代雍正元年，雍正皇帝为盛放从孝陵努尔哈赤坟包上割回的蓍草，特制一件用识文描金手法装饰云龙纹的双层套箱，制作异常精美，尤其还带有雍正元年的款识，在故宫漆家具品类中具有十分重要的历史价值和艺术价值。

描金漆家具

黑漆描金卷草拐子纹罗汉床

清中期

长 185 厘米　宽 83 厘米　高 71 厘米

　　床通体黑漆地，三面矮床围做成双夔龙拱
壁形状，两面绘拐子纹及卷草纹。床面及侧沿
亦有描金折枝花卉纹及卷草纹。面下有束腰，
饰描金水波纹。拐子纹牙条、三弯式腿上均饰
描金拐子纹及卷草纹。

　　此床造型简练，然而描金装饰华丽，体形
较一般罗汉床稍小，具有轻巧灵便的特点，既
具艺术性又具实用性。

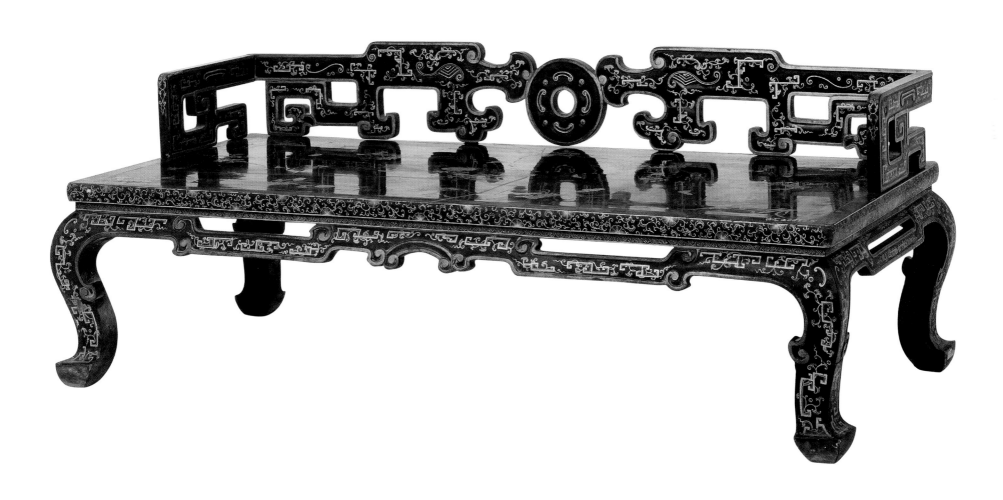

紫漆描金山水风景罗汉床

<u>清中期</u>

<u>长 205 厘米　宽 110.5 厘米　高 89.5 厘米</u>

　　床身通体紫漆地，以泥金画漆手法装饰各
类花纹。面下有束腰，洼堂肚牙板与腿相连，
直腿内翻马蹄。均饰描金卷草及云蝠纹。面上
左、右、后三面装七屏式围子，攒杠镶心两面
装饰花纹。边框饰回纹，板心饰山水风景图案。

　　此床制作工艺精堪，具有深厚的绘画功底，
是清代雍正时期的艺术精品。

黑漆描金夔龙纹宝座

<u>清中期</u>

<u>长 137.5 厘米　宽 103 厘米　高 121 厘米</u>

　　宝座木胎，髹黑漆，通体饰描金花纹。三屏
式座围，山形靠背正中饰圆形开光，饰描金番草
纹。两侧及扶手饰描金夔龙纹。靠背背面和扶
手外面皆为山水楼阁。座面外沿和束腰饰描金
回纹及各种花卉纹。牙条、腿部描金各式锦地
开光，饰描金山水楼阁及花卉纹。

黑漆描金夔龙纹宝座

清中期

长 135 厘米　宽 115 厘米　高 130 厘米

　　宝座木胎，髹黑漆，八角形。面下有束腰，开光饰描金云纹。牙条下垂洼堂肚，以金漆描边并与腿交圈。八条直腿，下端双翻马蹄，坐落在八角形须弥座上。座面之上，随面沿形状安透雕夔龙纹靠背及扶手，以黑漆做地，再用金漆描边勾纹理。

　　座前另设相同做工的脚踏一具，此宝座现陈于交泰殿中。

黑漆描金海屋添筹宝座

清中期

长 138.5 厘米　宽 104 厘米　高 107 厘米

宝座通体髹黑漆，山字形座围，描金云纹曲边，内外两面饰描金山水风景，靠背正中饰描金"海屋添筹图"。座面下有束腰，直牙条，正中及两侧菱形开光，饰描金山水风景，开光之间饰描金夔龙纹。四角展腿式，外翻云纹足。

39

紫漆描金山水风景宝座

<u>清中期</u>

<u>长 110 厘米　宽 65 厘米　高 214 厘米</u>

宝座木胎髹紫漆，面下有束腰，正面微向内凹，束腰锼出鱼门洞，牙条正中垂如意云纹洼堂肚。鼓腿膨牙，内翻圆球式足，下衬托泥。面上七屏式座围，后背最高，两侧递减。框内镶板，以透雕手法饰描金卷草纹。在卷草纹中间另镶方形平板，黑漆做地，饰描金山水风景。

此宝座工艺复杂，且做工极细，堪称清代中期漆工艺术的优秀作品。

红漆描金云龙纹宝座

清中期

长 130 厘米　宽 68 厘米　高 130 厘米

　　宝座通体红漆做地，饰描金云龙纹。座面后沿折角式，安活榫五屏式座围。屏框上部为如意云头形，饰描金拐子纹及卷草纹。屏心落堂镶板，饰描金双龙纹及云蝠纹。屏框下饰拐子纹亮脚。面下有束腰，牙条正中垂洼堂肚，拐子纹腿足，下衬罗锅枨式托泥，均以描金手法饰拐子纹及云蝠纹。座前附云纹脚踏一件。

紫檀漆心描金竹纹宝座

清中期

长 73 厘米　宽 55.5 厘米　高 89 厘米

　　宝座紫檀木制，座面攒框镶漆心，饰描金
折枝竹纹。面下有束腰，牙条与腿饰两道素混
面与腿交圈。四面平管脚枨，包铜套足。面上
三屏式靠背扶手，背板长方形，中间镶漆心，用
泥金描出绦环形，正中用泥金饰描金竹纹。

　　此工艺黑色漆地与金色竹纹形成色彩反差，
对比强烈，使图案显得异常明显突出。

紫檀描金卍字蝙蝠纹扶手椅

清中期

长 67 厘米　宽 57 厘米　高 104 厘米

　　扶手椅以紫檀木为框架。靠背、扶手为攒接拐子纹。边框上饰描金蝙蝠、缠枝莲纹及卍字纹，寓意万福。

　　扶手椅镶草席座面，面下束腰饰描金缠枝花纹，面下有托腮，洼堂肚式牙子，足下内翻回纹马蹄。

43

黑漆描金皮球花扶手椅

清中期

长 51 厘米　宽 44 厘米　高 102 厘米

椅木胎，通体髹黑漆，除座面、靠背饰
描金花卉山水外，其余各部均饰描金皮球花。

椅面下有束腰，直腿，牙条下锼出如意头
式洼堂肚，两侧饰透雕拐子纹牙条，并与腿上
的拐子纹衔接。腿间装四面平式管脚枨，枨下
饰透雕拐子纹花牙。面上三面围子，正中靠背
板顶端微向后卷，中间镶一大一小两块板心，
下部留出亮脚。两侧以拐子纹组成背框及扶手，
在拐子纹大框的空当中另用小木条透雕成拐子
纹镶在其中，构成粗细对比、相得益彰的艺术
效果。

此椅难得之处在于各式皮球花的纹理无
一相同，说明在制作这件家具时，匠师们发
挥了极强的创造力以及娴熟的绘画功底。

紫漆描金卷草纹靠背椅

清中期

长 51 厘米　宽 41.5 厘米　高 90 厘米

　　椅通体黑漆地，搭脑、椅柱、座面边沿均
饰描金卷草纹，牙子饰描金夔龙纹间杂宝纹，
腿子和枨子亦饰描金卷草纹。

　　靠背椅无扶手，后背垂直。搭脑为卷云纹
组合，方瓶式背板，座面下有束腰。牙板两端
镂作云纹，披在腿外，形成展腿式。足间饰步
步高赶枨。

黑漆描金西洋花纹扶手椅

清中期

长 57 厘米　宽 47 厘米　高 102 厘米

　　扶手椅通体黑漆地，座面席心，面下左右及正面装螭纹券口牙子，并饰以金漆。四腿黑漆，饰描金折枝花卉纹。腿间装步步高赶枨，两端浮雕螭头。侧角收分明显可见。面上后背用方材，以拐子纹围护。后背板装在后围子前，下部开出亮脚，上部微薄向后弯，围子及后边柱饰描金卷草纹，后背上下饰描金卷草纹，下有半圆形亮脚，正中饰描金卷草纹团花。

　　扶手椅的黑色漆地与金色花纹互相衬托，形成强烈的色彩反差，使这件家具显得俊秀挺拔，神气十足。

46

黑漆镶湘妃竹团寿字靠背椅

清中期

长 48 厘米　宽 39 厘米　高 101 厘米

　　此椅靠背及座面为木胎髹黑漆，搭脑、立柱、腿足、牙子及横枨均为湘妃竹制成。靠背板采用湘妃竹攒边，板心饰描金菊花、蝴蝶，上部圆开光镶湘妃竹团寿字。座面黑素漆地，座面下为花牙湘妃竹攒拐子纹，座下为四劈料式腿及管脚枨。

47

紫漆描金花卉纹靠背椅

<u>清</u>

<u>长 48.5 厘米　宽 39.5 厘米　高 102.5 厘米</u>

　　靠背椅通体紫漆地，紫漆上饰描金花卉纹。
靠背板外侧呈双交绳式边框，边框内角有镂雕
描金卷草纹花牙。椅座有束腰，正面牙条与横
枨有描金牙子。椅盘下两侧腿间装二根横枨，
镶透雕描金卷草纹花牙。

48

黑漆描金福寿纹靠背椅

<u>清</u>

<u>长 51.5 厘米　宽 43.5 厘米　高 103 厘米</u>

　　靠背椅通体髹黑漆，背板透雕卷云纹，满饰描金蝙蝠、团寿字、杂宝纹、番莲纹。座面正中饰勾莲纹开光，内外皆饰描金花卉纹。座面两侧及前沿牙条透雕云蝠纹，腿部饰描金花卉纹。四面平底枨饰描金卷草纹。枨下装牙条，饰描金卷云蝠磬方胜纹，寓意"福庆吉祥"。

黑漆描金花草纹双人椅

<u>清</u>

<u>长 96 厘米　宽 42 厘米　高 96 厘米</u>

　　双人椅通体髹黑漆，双靠背内侧边框、座
面和内侧前后两腿均连为一体，靠背板分三段
攒成，上段饰描金卷浪纹，雕圆形旋涡纹；中段
为长方形开光，饰描金花草纹；下层锼出云头
形亮脚，其上亦为描金花纹。靠背板下方安横
枨，镶壶门券口。座面下束腰，束腰下为描金
螭纹券口牙子。外侧四足为内翻马蹄，中间二
足为双翻马蹄。

　　此椅可供双人同时坐，其特点是似两椅整
体相连，有双靠背和六腿足。此种做法既节省
了材料，又显示出整体造型的协调一致，颇见
匠心。

紫檀嵌珐琅漆面描金团花纹方杌

清中期

面径 38 厘米　高 43 厘米

　　方杌以紫檀木制成，正中以黑漆为面，以描金彩绘手法装饰蝙蝠勾连团花纹。面下不用束腰及牙条，而采用拐子纹连接座面。四条腿的上节也不直接支撑座面，而另以一铜镀金小圆瓶把座面与腿连接起来，这是一种打破常规的大胆做法。在四腿的外面及拐子纹牙子表面，镶嵌着铜胎夔龙纹珐琅片，色彩艳丽，具有极高的艺术水平。

51

紫漆描金团花纹绣墩

<u>清中期</u>

<u>面径 50 厘米　高 87.5 厘米</u>

　　绣墩圆形，通体髹紫漆，上下两端浮雕如
意云头纹，中间五组椭圆开光，座面正中饰描
金团花纹，边缘饰描金如意纹、拐子纹。五组
开光环内饰描金花卉纹。

　　由于此绣墩采用浮雕加描金两种工艺手
法，因而产生了高低不平、富于变化的独特
效果。

黑漆描金勾云纹交泰式绣墩

清中期

面径 36. 5 厘米　高 49 厘米

　　绣墩通体髹黑漆，墩面彩漆绘宝相花纹，边沿饰描金枣花锦纹，侧沿饰描金云纹。墩壁上沿外翻，下饰枣花锦纹，中间镂空饰描金花卉并勾云纹，边沿镂成勾云纹，上下凸凹相对，呈交泰式。底座下带四龟脚。

　　此绣墩与众不同之处在于，墩内正中有一立柱连接墩面与墩底，以此承重。

53

黑漆描金龙凤纹绣墩

清中期

面径 35.5 厘米　高 43 厘米

　　绣墩木胎，通体髹黑漆，墩面饰描金龙凤纹，寓意"龙凤呈祥"。墩面与墩座侧沿均饰描金如意、方胜、云纹及磬等杂宝纹饰，墩壁镂空夔龙纹，并以描金手法勾边，在与面、底座结合处描饰一圈回纹。

54

黑漆描金云蝠纹靠背

清中期

正面横 82.5 厘米　进深 153.5 厘米
座面高 8.2 厘米　围栏高 27.4 厘米

　　靠背，明清以前称为"养和"。此器为清代中期作品。由前后两部分对接而成。座面周围的夔龙纹围栏分五节，均活榫连接。通体黑漆地，绘描金漆流云纹、蝙蝠纹和夔龙纹。靠背用丝绳编结而成，后背有活动支架，可以随意调节靠背与座面的角度。最大角度为120度，次为115度，最小为110度。不用时可打开支架，将靠背放平。将围栏分解后可将座面与支架部分分开，再装进高40厘米，长宽各90厘米的箱子里。

　　此器独特之处在于座面心板和夔龙纹围栏空隙中镶嵌夔龙纹花牙，系用一种名叫"太乙紫金锭"的香料片制成（紫金锭，用二十余种名贵中草药配制而成）。座面用直径5米的八角形香料片拼成，并在上面线刻填金云蝠纹及莲花纹，四周线刻填金回纹边。后部支架底板用斜方格形香料片拼成，中心线刻填金三条夔龙组成的圆形图案，四角线刻填金西番莲纹。整体造型及纹饰不仅美观华丽，而且舒适实用，在制作材料上也有独到之处。

　　清代有使用香料的习惯，除焚香外，还用香料制成念珠、手串、斋戒牌等。既是装饰品又是很好的香料。随身佩带还可以驱避蚊虫。至于大面积的使用在家具上，这是目前仅见的一例。据故宫朱家溍先生讲，他曾见史料记载，雍正八年，江宁织造隋赫德进贡过一批黑漆描金家具，有黑漆描金填香炕椅靠背，黑漆描金填香炕几等。说明这种家具是江南制造的，这种家具在皇宫中目前仅见一例，其珍贵程度不言而喻。

红漆描金云龙纹长方桌

明

长 128 厘米　宽 88 厘米　高 78.5 厘米

　　此桌周身髹红漆地，以描金手法装饰云龙纹。

　　桌面边沿起拦水线，侧沿削出冰盘沿。壶门式牙条，牙条与腿为插肩榫结构，桌腿下部饰云纹翅，方斗式足。两侧腿间装双枨，且侧角收分明显，具有浓厚的明式风格。

56

黑漆描金莲花纹琴桌

<u>明</u>

<u>长 96 厘米　宽 45 厘米　高 71 厘米</u>

　　琴桌通体髹黑漆，桌面光素，面沿、束腰、牙板、腿足处饰有描金莲花纹。桌面下有一暗音箱，带束腰，下为壶门式牙板，方形直腿，内翻马蹄。

　　明代专用琴桌极为少见，极为难得，此桌为明代家具之精品，

57

朱漆描金云龙纹宴桌

清早期

长 135.5 厘米　宽 83.5 厘米　高 84.5 厘米

宴桌为案形结体。桌面边沿起拦水线，壶门式牙条，设分心花。剑式腿，方斗式足。两侧腿间装双枨。侧角收分明显，具有典型的明式风格。

宴桌周身红漆地，双层套面。上层面四周描金斜卍字锦纹开光，开光内饰描金行龙纹。面心长方形，饰描金双龙戏珠纹，间云纹及海水江崖纹。下层面周边起拦水线，拦水线内圈边饰描金行龙及赶珠龙纹，间布朵云纹。面心

当中横六纵三共开十八孔，用于固定碗足。孔洞间饰描金云纹及双螭捧寿团花纹。侧沿饰描金朵云纹，牙条与腿饰描金龙戏珠纹。

此桌大体保存完整，图案描画形象生动，为清代皇帝进膳用的宴桌，具有极高的艺术水平。

黑漆面缠枝花纹镶攒湘妃竹长桌

清中期

长 92 厘米　宽 38 厘米　高 83 厘米

桌面板心髹黑漆，饰描金西洋式缠枝花纹。

桌面下以湘妃竹攒成两道牙条。牙条下另安拐子纹花牙，两端垂牙头，与腿连接。四腿用四根竹棍拼成，竹节断面处均用象牙片封堵。

黑漆描金山水花卉长桌

清中期

长 192.5 厘米　宽 73 厘米　高 85 厘米

　　桌长方形，面下有束腰，锼空炮仗洞，嵌卡子花。长牙条，正中垂洼堂肚。直腿回纹足，牙条与腿的拐角处饰拐子纹角牙。

　　长桌通体黑漆地，桌面饰描金山水、树石、花卉，数间屋舍掩映其间，好一幅山居图的意境。桌沿饰描金斜方格枣花锦纹，牙条与腿饰描金夔龙纹及卷叶纹，角牙饰描金夔龙纹。

60

紫漆描金花卉纹长方桌

<u>清中期</u>

<u>长 100 厘米　宽 65.7 厘米　高 82.5 厘米</u>

　　桌面长方形，木胎髹紫漆，通体饰描金花
卉纹。面下有束腰，透雕加描金卷草纹。桌牙
与腿两侧起双线，木工口语"混面双边线"，混
面上饰描金卷草纹。牙条与腿结合的转角处饰
透雕卷草纹托角牙，腿下云纹足。

　　此桌装饰华丽，体现了清代中期漆工艺术
的风格特点。

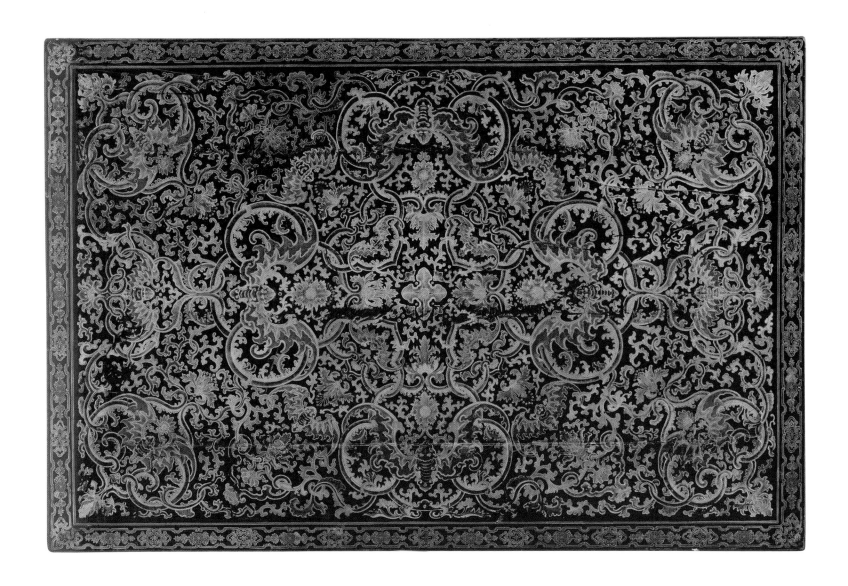

61

紫檀描金梅花纹长方桌

清中期

长 167 厘米　宽 70 厘米　高 87 厘米

桌长方形，通体紫檀木制。面下有束腰，下承托腮。牙条与腿齐平，两端曲齿形，当中垂注堂肚，直腿回纹马蹄。在束腰四周用嵌螺钿手法装饰缠枝花纹，侧沿、牙条及腿部以阴刻填金手法饰梅花纹，当中阴刻填金张照题诗及款识。

张照 (1691 ~ 1745 年)，字得天，号泾南，自号天瓶居士，江苏人。清康熙间进士，历士康熙、雍正、乾隆三朝，官至内阁学士、刑部尚书。擅书画，为"馆阁体"代表书家，常为乾隆皇帝代笔。

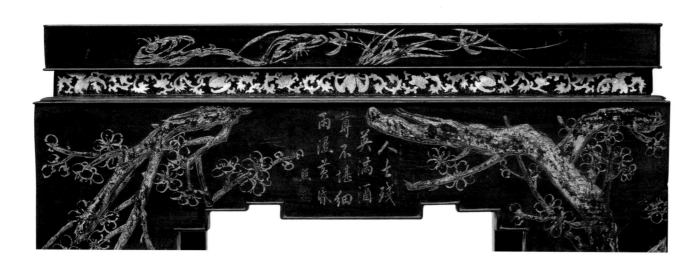

黑漆描金山水风景长桌

清中期

长 194.5 厘米　宽 77.5 厘米　高 86.5 厘米

　　桌长方形，面下束腰，镂空菱花纹，下承
托腮。牙条与腿拐子处装矩形托角枨，枨下饰
镂空拐子纹花牙，直腿方形内翻马蹄。

　　长桌通体黑漆地，桌面描金彩绘山水风景。
侧沿饰描金菱花锦纹，牙条、枨子及腿散布各
式皮球花。留意细看，每个皮球花无一相同。
透雕花牙则以黑漆为地，用金漆勾边，体现了
雍容华贵、富丽堂皇的气派。

63

紫檀漆心描金卷草纹长桌

<u>清中期</u>

<u>长 195 厘米　宽 50.5 厘米　高 84 厘米</u>

长桌紫檀木制，桌面攒框镶漆心，以描金手法饰卷草纹，漆面间有断纹。面下有束腰，直牙条，边沿起线与腿交圈，回纹内翻马蹄，牙条与腿结合的拐角处安雕夔龙纹托角牙。

这种木框镶漆心的做法在明清两代的苏式家具中使用较多，既节省了珍贵木材，又起到很好的装饰作用。

紫漆描金花卉纹长方桌

<u>清中期</u>

<u>长 100 厘米　宽 65.7 厘米　高 82.5 厘米</u>

长方桌木胎，髹紫漆地，通体饰描金花卉纹，束腰透雕卷草纹，下起双层阳线。桌牙及桌腿外缘起阳线，牙条与腿的转角处装透雕卷草纹托角牙。内翻回纹马蹄。

此类长桌是宫中供帝后们进膳用的膳桌，与宴桌配合使用。

65

黑漆描金拐子纹长方桌

清中期

长 110 厘米　宽 38 厘米　高 84.5 厘米

　　桌长方形，面下有束腰，下承托腮。四直
腿下内翻回纹方马蹄。

　　桌通体黑漆地，桌面饰描金花卉、芍药、
灵芝、山石等图案。两侧边做出泥鳅背小翘。
侧沿饰描金云蝠纹。束腰以描金卷草界出数格，
开炮仗洞透孔，四周牙条及腿子饰描金番莲纹。
牙条下另安透雕拐子纹加西式卷草纹，两端沿
腿下垂，形成护腿牙并以金漆勾边。

紫漆描金花草纹长方桌

清中期

长 134 厘米　宽 42 厘米　高 84 厘米

　　长方桌木胎，髹紫漆地。桌面绘洞石、花草，冰盘沿下有带海棠式透光的束腰，周围饰描金团花纹，束腰下带托腮，透雕攒拐子结绳纹花牙，牙上及四腿绘红蝙蝠。侧面两腿间安有横枨，腿及枨上均镶透雕拐子纹圈口，足下承托泥，托泥上安攒拐子纹圈口。

67

彩漆描金花卉纹圆转桌

清中期

面径 124 厘米　高 89.5 厘米

　　转桌桌面葵花式，上饰描金花卉纹，面沿
有抽屉。面下透雕夔龙纹花牙一周，正中独腿
为圆柱式，上饰描金花草纹，分两节。上节以
六个描金花角牙支撑桌面，下节以六个站牙抵
住圆柱。下节圆柱顶端有轴，上节圆柱下端有
圆孔，套在轴上，使桌面可左右转动。下承葵
花式须弥座，座下为壶门式牙子，带龟脚。

68

红漆描金龙凤纹长方桌

清

长 126.5 厘米　宽 56.5 厘米　高 83.5 厘米

　　长方桌面下有束腰，冰盘沿，拱肩直腿回
纹马蹄。腿内装霸王枨。通体红漆地，饰描金
龙凤双喜花纹。红色地子加金色花纹，显示出
喜气洋洋的气氛。

　　此桌系皇帝结婚时使用的喜桌。现陈后三
宫坤宁宫洞房。

69

紫漆描金牡丹纹翘头案

清中期

长 407 厘米　宽 69.5 厘米　高 92 厘米

　　翘头案两端翘头挑起较高，面上饰描金凤戏牡丹纹、寿桃纹、芙蓉纹及各种花卉纹组成的团花，寓意吉祥、富贵、长寿、美满等含义。面下长牙条，饰描金缠枝花卉纹。牙头较常规案子的比例稍大，并透雕卍字纹。四腿饰描金缠枝花卉纹，两侧腿间镶罩金漆透雕缠枝莲纹挡板。

　　此案两件成对，形体硕大。用料充裕，雄伟壮观，系明清家具中罕见之大器。

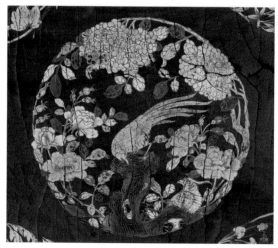

70

黑漆描金卷草纹架几案

清

长 322 厘米　宽 44 厘米　高 92.5 厘米

　　架几案由案面和两件方几组成，两方几面
下有束腰，束腰浮雕连珠纹，束腰下以拐子纹透
雕板围成方框，再下为一层屉板，下装一抽屉，
四直腿落在托泥上。

　　架几桌通体黑漆地，以描金手法描饰卷草
纹。案面描绘卷草花纹，再以黑漆勾纹理。束
腰罩满金漆。拐子纹花板以金漆勾边再以同样
手法用黑漆勾画纹理，使图案形象化。抽屉脸
饰描金花卉纹。整件器物地子与花纹色彩反差
较大，因而收到理想的装饰效果。

黑漆描金山水风景小书桌

清

长 92.5 厘米　宽 43.5 厘米　高 72 厘米

书桌通体黑漆地，桌面及底座饰描金山水风景图。

书桌造型奇特，独板为面，面下不用四足，而以两根立柱于两侧居中安装，立柱两侧安托角牙，用以支撑桌面。腿下有底座，腿两侧用座角牙抵夹，造型简练，结构合理，使用起来轻巧灵便。

黑漆描金折枝花卉纹春凳

清

长 158.5 厘米　宽 59.7 厘米　高 50 厘米

春凳长方形，面下有束腰，直牙条、直腿，回纹内翻马蹄。通体黑漆地，凳面四边饰描金斜方格锦纹，面心饰描金折枝花卉纹，束腰饰描金回纹，牙条与腿饰描金芙蓉花纹。

此凳绘画技法高超，色彩艳丽，具有极高的艺术水平。

红漆描金云龙纹双层面炕桌

清早期

长 118 厘米　宽 85 厘米　高 27.5 厘米

桌四腿缩进安装，案形结构。双层桌面，壶门式牙条，牙与桌腿边沿起阳线，两侧腿间装横枨，腿上部为蚂蚱腿式，双翻方斗式足。上层桌面饰描金云龙纹。下层面开光内镂有十五圆孔，可置盘碗之用，孔间绘描金团卍字纹、云纹，四周菱形开光内绘描金龙戏珠纹，四角饰团寿字、钱纹锦地。腿牙绘描金双龙戏珠纹，间布朵云纹，边缘以阳线罩金漆。

此桌纹饰精致工整，做工考究，为仿明式风格的作品。

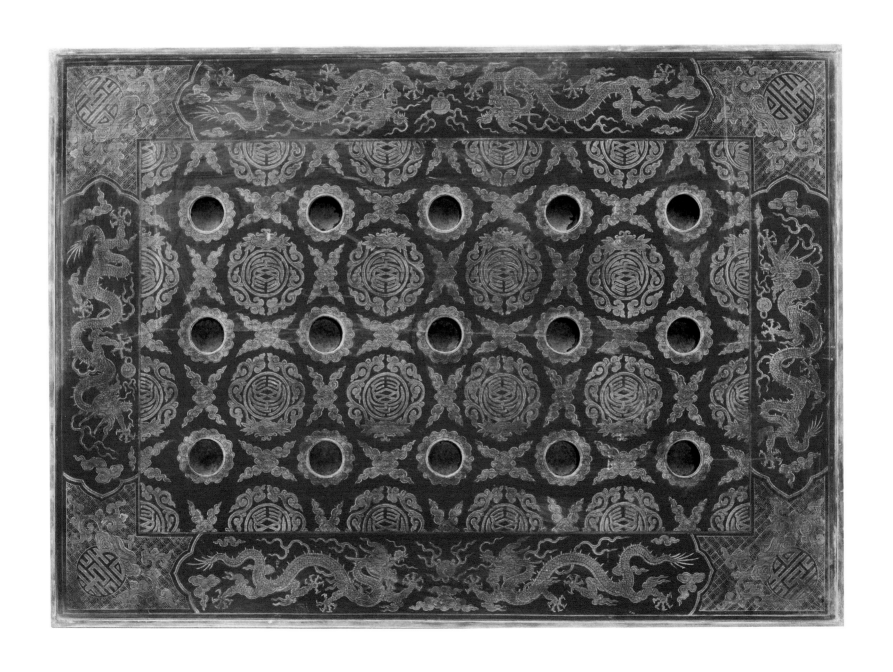

黑漆描金云蝠纹炕桌

清中期

长 85.5 厘米　宽 57.5 厘米　高 33.5 厘米

　　炕桌长方形，面下直束腰，鼓腿膨牙，内
翻圆珠式足。牙条下垂洼堂肚。

　　炕桌通体黑漆地，以描金手法装饰花纹。
桌面饰描金云蝠纹，边沿束腰饰描金云蝠纹，
牙条及腿饰描金云蝠纹。造型美观，装饰华丽，
为清代中期漆器家具的优秀作品。

75

黑漆描金山水风景炕桌

清中期

长 91 厘米　宽 57 厘米　高 33 厘米

炕桌长方形，几面与腿取四面平式，四腿用板材矩形结合，木工术语称"挖缺作"。四腿之下又做出向两侧翻出的马蹄。四面牙条为壶门曲边。

炕桌通体髹黑漆，再在黑漆地上描画金漆折枝花卉纹和卷草纹，桌面描画山水风景，装饰极其华丽。从造型及纹饰特点看，应为清代中期东洋制品。

黑漆描金花卉纹炕桌

清中期

长 91 厘米　宽 62 厘米　高 26.5 厘米

　　桌面长方形，面下有束腰，膨牙直腿云纹
足，足端微向外撇。通体黑漆地，面心饰描金
折枝花卉纹，四周饰描金锦纹，牙条与腿饰描
金石竹花纹。

　　此桌保存完整，系清代中期由东洋进口，
是中日两国文化交流的宝贵资料。

77

紫漆描金山水风景炕几

清中期

长 97 厘米　宽 35 厘米　高 32 厘米

炕几几面长方形，面下两侧各装小抽屉两具，中间用拐子纹连接。下用板式腿，前后挖成弧形圆，当中透雕卷草纹，下衬托泥。通体紫漆为地，再以金漆描绘花卉纹。几面和面下的抽屉脸饰描金山水风景，侧沿饰描金十字格锦纹，余地均饰以各种折枝花卉纹。描绘精细入微，图案生动逼真，具有极高的艺术水平。

此炕几为一对，制作巧妙，装饰华丽，常于坐炕两侧对称陈设。

黑漆描金山水风景双层长方几

清中期

长 36 厘米　宽 25 厘米　高 17 厘米

几面委角长方形，双层，四腿为描金夔龙
式。通体髹黑漆地，饰彩漆描金花纹。几面描
饰山水风景，楼阁错落，小桥飞架，树木掩映。
面侧沿为几何纹和草叶纹。几下层正背面以金
漆描绘或用金箔贴出花头纹。

此几图纹以金漆描绘楼阁、树木，以紫漆、
灰彩描绘山石、陆地，用描金、洒金方法表现
出图案的层次及山石的阴阳向背，其用色之妙
恰似一幅工笔画。

黑漆描金山水风景委角长方几

清中期

高 34 厘米

　　方几长方形委角，面下有束腰、鼓腿膨牙，足端饰模式足翅。带托泥，牙条呈鱼肚形曲线。四腿随几面委角，做出委角凹线。

　　方几通体黑漆地，以描金漆工艺饰山水风景及花卉纹，色彩艳丽，为清代漆工艺的优秀作品。

80

黑漆描金花卉纹围棋桌

清中期

面径 42.5 厘米　高 35.5 厘米

　　棋桌为方形，日本制造。通体黑漆地，以描金手法装饰花纹，桌面用金漆画出围棋盘，侧沿描金漆，束腰以斜方格锦纹开光，当中黑漆地，用金漆画折枝花卉纹。束腰下鼓腿膨牙，三弯式腿，外翻卷书式足。牙条边缘锼出云纹曲边，饰描金卷草纹。足下带托板，黑素漆面。

81

黑漆描金山水花卉香几

<u>清中期</u>

<u>面径 54 厘米　高 86 厘米</u>

　　几面呈海棠式，高束腰，壶门式牙子，牙头锼成卷云式，膨牙三弯式腿，足端外翻并镂空卷叶纹。足下踩圆珠，坐落在海棠式须弥座上。

　　几身紫漆为地，几面饰描金山水，侧沿饰描金卷云纹，束腰透雕卷草纹，并以金漆勾边。束腰下承托腮，牙条及腿饰描金蝙蝠、如意、磬及各式折枝花卉，托泥饰描金卷草纹及蝙蝠、蝴蝶、花鸟。

82

黑漆描金蝙蝠纹香几

清中期

面径 48 厘米　高 98 厘米

几面如意云头形，侧沿饰描金卷云纹及水波纹，面下饰如意云头式牙子。如意形内翻三弯式腿，固定在如意式隔板上。隔板下的三条腿造型与上层相同，形成对称相抵，下承如意形须弥座。座身饰描金拐子纹、蝙蝠纹等。

此几造型新颖奇特，富于变化，在清代漆器家具中为稀有品种。

黑漆描金拐子纹香几

清中期

面径 38.5 厘米　高 83.5 厘米

　　几面圆形，面下高束腰，透雕拐子纹。下衬托腮，披肩式牙子镂出如意云头形，饰描金卷草番花纹。由于黑漆地的衬托，使纹饰明快突出，显得异常华贵、艳丽。曲边三弯腿，上部饰云纹翅。卷叶纹外翻足，下承圆珠。踩圆环形托泥。云纹式龟脚。

　　此几造型美观，为清代中期的精品。

黑漆描金山水风景海棠式香几

清乾隆

面径 18×24.6 厘米　高 13.4 厘米

　　几呈海棠式，三弯式腿，下承海棠式托泥，带龟脚。通体黑漆地，以彩金象手法饰描金勾莲纹。再以红漆描纹理。几面以金漆描绘山水、树石、亭台、楼榭风景。造型简练舒展、精巧美观。

85

黑漆描金勾莲纹菱花式香几

清中期

面径 22.7 厘米　高 13 厘米

几面为菱花形，边缘起拦水线。六足，鼓腿膨牙，三弯式腿，外翻卷云式足。足下承与面沿随形的托泥。

几身通体木胎髹黑漆为地，以描金手法装饰勾莲纹及花卉纹。画法工整，精细入微。

黑漆描金山水风景香几

清中期

面径 27 厘米　高 34 厘米

　　几面方形，面下有束腰，云头牙条，三弯腿，外翻足，下连托泥。通体髹黑漆饰描金花卉纹，几面用彩金象工艺绘山水、树木、楼阁、宝塔，一派静谧景色。束腰镂空，雕一蝙蝠形卡子花，几腿及托泥均饰描金缠枝花卉纹。底髹黑漆，贴有收藏纸签，上墨书"乾隆四年八月初十日李英进苏漆菱花式香几一封"。由此可知此几为苏州所造。

　　此几以紫红色漆描绘山石，漆上再覆以金色，突破了罩色的效果，使之浓淡成晕。纹饰轮廓及山石皴法用红漆和金色分层勾出纹理，具有立体效果。

87

黑漆描金山水楼阁方胜式香几

清中期

长 45 厘米　宽 25.7 厘米　高 45 厘米

香几木胎，髹黑漆，方胜形面饰描金山水楼阁、鸡雏、花卉，边沿饰描金斜方格花叶纹。面下高束腰，镂雕鱼门洞，周围饰描金方格锦纹。六条三弯式腿，外翻足，坐落在方胜形托泥上。牙条与腿饰描金折枝花卉纹。造型美观，为清代家具之精品。

黑漆描金山水方胜式香几

<u>清中期</u>

<u>长 72 厘米　宽 42 厘米　高 88 厘米</u>

　　香几为木胎，髹黑漆，方胜形面饰描金山水，边沿饰描金斜方格锦纹。面下高束腰，镂雕卷云纹，下衬托腮。披肩式牙子，如意云头式曲边。六条三弯式腿，外翻足，坐落在方胜形须弥式托座上。牙条与腿饰描金蝙蝠、蝴蝶及各种花鸟。造型独特，为清代家具的精品。

黑漆描金山水花鸟柜

清中期

长 78 厘米　宽 43 厘米　高 115 厘米

　　柜平顶立方式，通体木胎，髹黑漆，以描金手法装饰花纹。正面对开两门，每门各以六个合页连接柜框，四角安云纹包角，柜门板心以泥金描饰花鸟图。两侧有金属提手，并饰描金花鸟图案。柜下原有柜座，现缺失。

　　从柜身风格及描金纹饰的工艺特点看，有明显的日本风格，对于研究古代日本家具，有重要的参考价值。

黑漆描金云龙纹药柜

<u>明晚期</u>

<u>长 78.8 厘米　宽 57 厘米　高 94.5 厘米</u>

　　柜取齐头立式，两扉中有立栓，下接三个明抽屉，腿间镶拱式牙板。通体黑漆地，正面及两侧上下饰描金开光升降双龙戏珠，背面及门里为松、梅、竹三友图和花蝶图案。药柜内部中心有八方转动式抽屉，每面十个，共计八十个抽屉。两边又各有一行十个抽屉，每屉分为三格，共盛药品 140 种。柜门、抽屉、足部都装有黄铜饰件，极为精制。柜门用球形活动轴，既便于转动，又实用美观。柜内部抽屉上涂金签各三个，标明各种中药的名称。柜背面上边描金书"大明万历年制"款。

　　此柜故宫和中国历史博物馆各存其一。

91

红漆描金山水风景书格

<u>明</u>

<u>长 192.5 厘米　宽 48.5 厘米　高 211 厘米</u>

　　书格木胎，外髹红漆，膛板三层，界成四格。红色漆里，四框及屉板正面饰描金山水楼阁风景。两侧饰描金通景山水楼阁。下有牙条及腿足，鼓腿膨牙，三弯腿，外翻马蹄。

黑漆描金山水人物顶竖柜

<u>明</u>

<u>长 120.5 厘米　宽 64.5 厘米　通高 207 厘米</u>

柜分上下两节，上部顶箱，下部立柜。上
下各对开两门，门上有铜合页、锁鼻和拉环。
顶柜内分两层，立柜门内分三层。腿间有壶门
式牙板。顶箱、立柜门及牙板各绘描金漆楼阁
山水人物，边沿绘描金折枝花卉纹。柜侧面绘
描金桂花、月季、洞石、兰草。

93

填漆戗金花卉纹博古格

清中期

长 97.5 厘米　宽 51.5 厘米　高 174.5 厘米

　　博古格直角立方式，四框，黄色漆地，开
光内填漆戗金折枝花卉纹，上部右侧安板门一
扇，下方平设两个抽屉，饰填漆戗金折枝花卉
和蝴蝶。左侧和下方设高低错落的亮格，上口
镶夔龙纹叉角花和拐子纹花牙。最下层左侧设
一壶门式小几，格内黑漆地，后背板采用描金
漆手法饰花蝶纹。

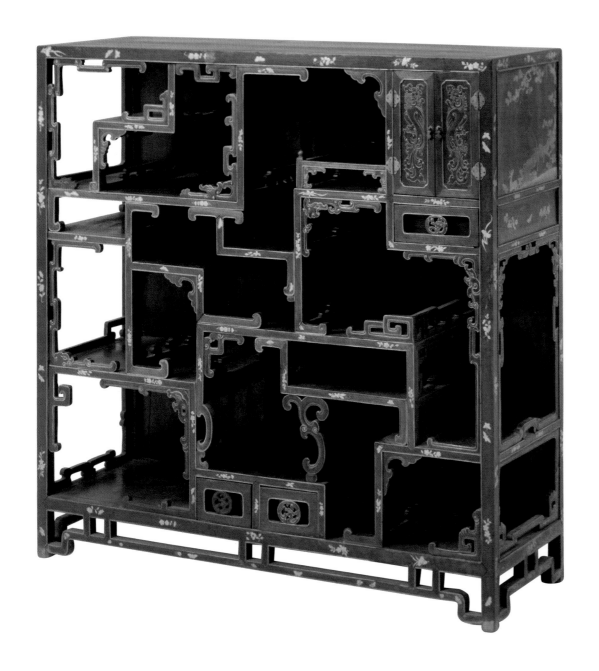

94

紫檀描金山水花卉多宝格

清中期

长 54 厘米　宽 18 厘米　高 57 厘米

多宝格紫檀框架，齐头立方式，高低错落，框架正面饰描金花蝶纹。每层有透雕夔龙纹花牙、栏杆。立板髹黑漆，饰描金绘折枝花卉及山水。侧面板绘蝙蝠、葫芦，寓意"福禄万代"。后立板背面绘描金花鸟纹，下部落曲齿式高拱罗锅枨。

此格为一对，并排陈设，层与层相连，图纹相接，如同一体。

紫漆描金山水风景博古格（一对）

清

长 86.5 厘 5 米　宽 34.5 厘米　高 161 厘米

博古格一对，平顶方式。木胎髹紫漆，正面做出高低错落的小格，用于陈放各种文玩瓶器。上层一侧做小橱，对开两门，又在横梁上下点缀三只小抽屉。平台边沿安小栏杆，顶端以象牙做柱头。格孔四周饰拐子纹花牙，两侧做出不同形式的透雕亮洞。

博古格通体紫漆为地，以描金手法描画各种山水风景及树石花卉。装饰华丽，足以体现匠师高超的艺术功底。

黑漆描金东洋博古格

清中晚期

长 48 厘米　宽 20 厘米　高 52.5 厘米

　　博古格木胎髹黑漆。又在黑漆地上饰描金花纹。边框饰描金锦纹。板心、开光、平板饰描金山水风景或折枝花卉纹。正面左侧对开两门，上部各开菊花纹透孔，下部饰描金山水风景。格下设三抽屉，有委角长方形开光，饰描金山水风景。无足。

　　这类柜格因其小巧，大多陈设在桌案或炕柜上，从工艺特点看，为典型的东洋风格。

黑漆描金山水房式格

<u>清</u>

<u>长 110.5 厘米　宽 58.5 厘米　高 137 厘米</u>

　　格通体紫漆地，均饰描金山水花卉纹，顶部正中起脊，前后两坡四角垂风铃流苏。下部为博古格，上层设推拉门，中层设小门及半出腿小几，并前后透空。下层装抽屉三个，坐落在长条形几座上。几座四面平式，牙条正中开壶门，四腿以板材矩形拼接，这种做法，木工术语称"挖缺作"。云彩纹内翻马蹄。从造型、漆彩工艺上都体现了明显的日本风格。

黑漆描金云龙纹长箱

明

长 152 厘米　宽 98 厘米　高 46 厘米

　　箱木胎,髹黑漆,箱下带底座,四面开壶门。箱盖及四面立墙以泥金描画双龙戏珠纹,然后又在描金纹饰上用黑漆勾纹理,使图案形象化。这种做法又称"黑漆理描金",视觉上较其他描金金水较厚。从其造型、纹饰及工艺手法看,具有浓厚的明代风格,为明代制品。

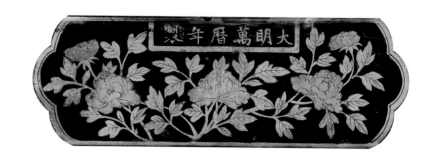

99

黑漆描金云龙纹箱

<u>明早期</u>

<u>长 73 厘米　宽 41.5 厘米　高 63 厘米</u>

　　箱身木胎，髹黑漆，箱上开盖，盖内有屉，前沿有插销，可管住两门间的活插栓。柜盖四周饰描金行龙，间饰描金串枝牡丹花纹。箱盖下横梁及柜门四角饰描金斜方格枣花锦纹。当中开光，饰描金行龙及朵云纹，门心及两山、后背、盖面菱形开光，饰描金双龙戏珠纹，一升一降，间饰缠枝花纹。开光外侧四角饰描金缠枝莲花纹。下侧有突出柜身的柜座。在活插栓内横梁正中，有描金"大明万历年制"款。

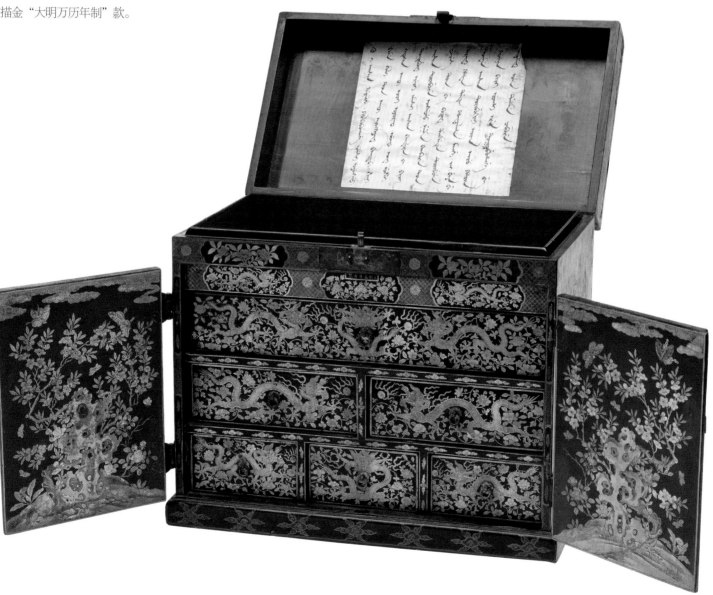

100

红漆描金云龙纹箱

清早期

长 73.5 厘米　宽 57.5 厘米　通高 117.5 厘米

　　箱为木胎，髹漆带底座，箱体红漆地，四
面及顶盖均采用黑漆理加彩金象手法，即用深
浅不同的两种金饰云纹，再用黑漆勾纹理。箱
子下有两穿孔，便于穿绳子。从云纹和龙纹及
漆色的风格特点看出，为康熙时制品。底座髹
漆，束腰下鼓腿膨牙，内翻马蹄，下带托泥。

　　此箱做工精细，龙纹及云纹线条流畅，有
较高的绘画功底和漆艺技能。在清初漆家具中
极具代表性，具有重要的历史价值和艺术价值。

黑漆识文描金云龙纹长箱

清中期

外箱长 189 厘米　宽 50 厘米　通高 49 厘米

内箱长 178 厘米　宽 40.5 厘米　通高 35.5 厘米

箱分内外两层，下有 8 厘米高的底座，底座上镶有长 182 厘米、宽 45 厘米、高 3.5 厘米的垛边，内箱四角下有 3.5 厘米高的矮足，与垛边齐平，正好放进垛边里口。内箱箱壁较高，上盖较窄，只有 7.4 厘米高的竖墙。外箱箱盖四壁较高，有 41 厘米，箱盖里口正好套在垛边的外侧。外箱套盖长 186 厘米，宽 48.5 厘米，较箱座略小。每层箱体两端均有铜质提环。

箱通体黑漆地，用泥金勾画龙戏珠，周围间布流云纹。黑素漆里，不露木胎。在外层箱面一侧正中，有满、汉文对照描金题签："雍正元年吉月孝陵所产蓍草六苁三百茎敬谨贮内。"蓍草在古代常用于占卜，是占卜和祭祀时所用之物。此箱应为盛放蓍草之物。

102

黑漆描金几何纹长箱

清

长 65 厘米　宽 50 厘米　高 50 厘米

箱体长方形，上部长方形套盖，箱盖四角及箱底四角安铜质包角。通体黑漆地上饰描画金漆几何纹间花叶纹。箱里以黄绫作衬，内装各种形状的锦匣，锦匣内原装有各种玉件，如今还保留着存放玉件的卧槽，玉件今已不存。

从装饰风格及工艺特点看，应系仿东洋日本制品。

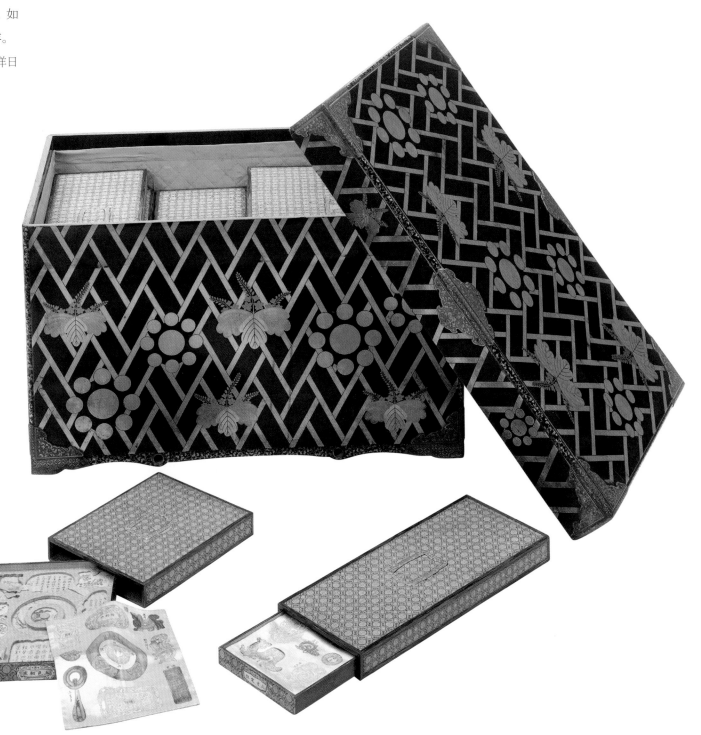

103

红漆描金花鸟纹长方匣

清晚期

长 24.5 厘米　宽 15.5 厘米　高 11.9 厘米

　　匣为长方形，蝴蝶式合页，通体纹饰雕刻而成，红漆地上饰描金卍字锦纹，匣面饰描金花鸟、蝴蝶，匣四壁饰描金折枝花卉纹。

　　匣内皮胎贴有黄纸条一张，上书作坊字号："怡合和"，下有作坊地址："店在阳江城内，里仁牐上开张 × 造家用皮箱。"阳江现属广东省，可见此匣为广东省制作。

104

黑漆描金缠枝莲纹提匣

长 45 厘米　宽 30 厘米　高 37 厘米

　　提匣长方形，附提梁，提梁与盖面由一铜栓穿连。通体髹黑漆做地，提梁饰彩漆描金皮球花及蔓草纹。盖面及匣体饰描金缠枝莲等花卉纹。匣内为多宝格式，饰描金云蝠纹及折枝花卉纹。附紫漆光素长方盘二件、长方盒二件、二层方盒一件、壶一件、大小碗、碟二十件。底髹黑光漆，另附描金缠枝花卉纹的底座。

105

黑漆描金山水风景长方匣

长 22.1 厘米　宽 8 厘米　高 4.6 厘米

　　匣长方形，上有套盖，套盖四角下垂，周身通体黑漆地，以不同成色的金漆描绘山石、树木、祥云、蝙蝠、海水及卍字纹等。图案色彩艳丽、明快，具有较高的艺术水平。

1　5　4

106
金漆识文描金山水风景提匣

清中期

长 29 厘米　宽 19 厘米　高 32 厘米

　　提匣呈凸字形，铜镀金双夔龙钮。通体髹
金漆为地，饰识文描金加彩图纹。匣顶饰百
花纹，匣正面有小门两扇，上绘山水、楼阁、
帆船、流云风景等。匣体两侧饰方胜、葫芦、
银锭、火珠、双钱、卐字、书卷等杂宝纹。背
部饰蜜蜂及折枝花卉纹。匣内上下有抽屉六个。

　　此匣造型典雅，纹饰凸起有浮雕感，门上
所绘图案有异国风情，系仿日本漆器而作。清
宫造办处油漆作在雍正、乾隆年间经常制作
洋漆器，主要是仿日本漆器，此为其代表作品
之一。

黑漆描金缠枝莲纹提匣

清中期

长 45 厘米　宽 30 厘米　高 37.5 厘米

提匣长方形，正中有提梁，两侧装站牙，俗称"浆腿"。盖面与提梁有铜栓穿连。匣壁一侧有活门，匣内呈多宝格式，内放紫色素漆盘、盒、壶、碟等饮食用具。匣底附须弥式托座，壶门式牙条。

提匣通体髹黑漆地，提梁饰彩漆描金皮球花及卷草花。盖面及匣体四角饰描金岔角缠枝莲纹，当中饰描金缠枝莲纹团花。打开匣盖及插门，匣内饰描金云蝠纹及折枝花卉纹。底座侧沿与牙条饰描金锦纹及卷草纹。

108

紫漆识文描金仙庄载咏长方盒

清中期

长 22 厘米　宽 16 厘米　高 9 厘米

　　盒长方形，天盖地式，底四角有垂足。通体紫漆洒金地饰识文描金和描红漆纹饰。盖面及四壁均饰牡丹、桃花、兰花、菊花等团花纹。盖面正中一竖条形双框内题隶书"仙庄载咏"四字，盒内及底均髹黑漆。

109

紫漆描金圣境全赓长方盒

清中期

长 22 厘米　宽 16 厘米　高 9 厘米

　　匣长方形，天盖地式，底四角有垂足。通体紫漆洒金地，上饰描金牡丹、菊花、桃花、兰花等团花纹。在描金花纹上又描红漆，以增强装饰效果，现四壁上的红漆多已脱落。盖面正中竖条形双框内有"圣境全赓"描金隶书四字。匣底边饰描金折枝竹菊花纹，匣内及底均髹黑漆。

110

黑漆描金山水楼阁方胜式盒

清中期

长 15 厘米　宽 10.5 厘米　高 6.7 厘米

　　盒为方胜式，通体髹黑漆地，盖面、盒壁通景饰描金山水楼阁图。画面上山水相连，楼阁屋宇错落，天空中群雁飞过，一派祥和宁静的景色。盒内及底洒金罩漆。

　　此盒的山石贴以深浅不同的金箔，以表现明亮处，用浅淡的描金来表现暗淡处，并用金色与红漆界出纹理，显现出清晰的棱线。

朱漆识文描金御制避暑山庄后序长方盒

清中期

长 25 厘米　宽 16.2 厘米　高 10 厘米

　　漆匣长方形，天俯地式，托座四角饰矮足，正中垂洼堂肚。器身通体朱漆地，再以识文描金手法装饰花纹。匣盖正中以泥金画漆技法饰细锦签条，当中用黑漆题书"御制避暑山庄后序"八字。两侧描饰以莲花做托座的佛家八种法器，即法轮、海螺、宝伞、白盖、莲花、金罐、双鱼、盘长，俗称"八吉祥"。匣壁亦在金漆地上用泥金描饰缠枝花纹。

　　此匣系乾隆皇帝为存贮御制诗文之用，做工考究，显示出雍容华贵的富丽气派。

112

黑漆描金三多锦袱长方盒

清中期

长 20.5 厘米　宽 10.5 厘米　高 13 厘米

　　盒长方形，外饰一块包袱系长方盒，包袱结打在盒盖中心，看似两件器物，实为一件，浑然一体。包袱用红、绿、黄三色漆饰锦纹、寿字、团花。盒子的袒露部分则饰黑漆描金佛手、石榴、寿桃等纹样，有多福、多寿、多子之寓意。

　　据清宫造办处档案记载："雍正十年二月二十七日，首领萨木哈持出洋漆包袱盒二件，皇上传旨：此盒样式甚好，照此再做一些黑红漆盒。"此盒正与档案吻合。

113

朱漆描金夔龙纹方胜式盒

清中期

长 28 厘米　宽 18.5 厘米　高 12.3 厘米

　　盒体方胜式，朱漆为地，再以彩金象手法饰花纹。盒盖盝顶式，上平面饰以描金回纹圈，两侧三个角各饰一如意纹加缠枝牡丹，正中饰描金团花纹，周围描饰八个夔龙纹。上下盝顶坡饰描金缠枝花纹，上下口沿饰描金锦纹、莲花纹及夔龙纹。盒内及盒底髹黑光漆，盒底正中刀刻填金"乾隆年制"楷书款。

紫漆描金花蝶纹长方盒

清中期

长 39.2 厘米　宽 23.8 厘米　高 22.8 厘米

盒委角长方形，平顶，下有圈足。通体紫漆为地，以描金手法装饰花纹。盒盖面饰描金葫芦藤蔓缠绕的翠竹，四角委角处及上下口沿饰描金枣花间卍字锦纹。四面立墙饰描金缠枝葫芦间彩蝶纹，有"子孙万代长寿"之意。盒里及底髹黑光漆，底部正中阴刻填金"乾隆年制"楷书款。造型别致，工艺精良，清代中期漆艺精品。

115

紫檀边座漆心平金九龙座屏

清中期

通长 375 厘米　高 275 厘米

屏风为木胎，髹黑漆，外加金漆彩绘。屏分九扇，正中稍高、稍宽，两侧依次递减，坐落在三联八字形须弥座上。屏风上楣板以拐子纹攒框，以金漆彩绘手法描饰云纹，下部采用落堂踩鼓做法镶板，正中饰描金山水风景，周围饰金漆彩绘各式皮球花，九扇屏风各不相同。

屏座高束腰，饰描金彩绘各式花卉。屏心部分为米色绸地，彩绣海水江崖流云纹、蝙蝠纹及暗八仙，当中以平金工艺绣金龙，每扇一条、中间为正龙，两侧一升一降，合称九龙屏风。

116

黑漆描金边座纳纱花卉纹座屏

清中期

通长262厘米　高198厘米

屏分五扇，中间高，两边低，中间稍宽，两侧渐窄。坐落在八字形须弥式底座上。屏风通体黑漆地，饰描金各式花卉纹。屏框饰描金缠枝花间蝙蝠纹，上端板心正中饰描金寿字，两侧饰描金云纹、蝙蝠及暗八仙。屏座高束腰，正中饰描金正龙，两侧饰描金双龙戏珠纹，下侧底座饰描金拐子纹及花卉纹等。屏心为米色纱地，以各种彩线双面纳纱绣牡丹、芍药、蜀葵、天竺、茶花、灵芝、水仙、山石及飞鸟等。

117

紫檀边座漆心描金云龙纹双面座屏

清中期

长 234 厘米　宽 53 厘米　高 156 厘米

插屏通体紫檀木做边座，两侧十字形托座，有三道站牙抵夹。屏心一面以描金漆手法装饰海水云龙纹，另一面则镶碧玉云龙纹。屏心金漆色彩浓淡有致，纹饰线条流畅自如，具有很高的艺术价值。

紫檀边框描金花卉纹围屏

清中期

通长 944 厘米　单扇宽 59 厘米　高 195.5 厘米

屏框及下裙板紫檀木制。计十六扇，屏心落堂做，髹黑漆地，正面以周制镶嵌法用各色玉嵌十六尊者像。每扇上部以玉嵌乾隆皇帝御制《罗汉赞》诗文。下部裙板浮雕四条夔龙。屏风背面裙板与正面相同，上部黑漆地，然后在黑漆地上以识文描金手法装饰竹子、牡丹、

藤箩、荷花、桃花、月季、桂花、美人蕉、茶花、水仙、菊花、秋葵等各式折枝花卉。

此屏至今色彩鲜艳亮丽。原陈清宫乾隆花园云光楼大佛龛的莲花台上，正面十扇，两侧各三扇。

119

紫檀边座黑漆心识文描金花卉纹插屏

<u>清中期</u>

<u>长 85 厘米　宽 56 厘米　高 185 厘米</u>

　　插屏边座紫檀木制，屏心两面饰景。正面
用鸡翅木镶嵌山水楼阁图，背面以黑漆做地，
再以识文描金手法饰牡丹、玉兰、茶花、桂花、
梅花、栀子花等折枝花卉纹。描绘根据花纹要
求分不同成色，显示出不同色彩，使图案更加
生动形象。

120

朱漆边座描金透绣人物插屏

清中期

长 170 厘米　宽 67 厘米　高 202 厘米

　　插屏木胎髹漆，屏框饰描金锦纹，屏心两面安玻璃，内镶双面透绣仙人故事图。底座的余塞板较高，透雕缠枝花卉纹，当中留出板心，饰描金山水风景。

　　造型风格取大框之中以透雕花板界出仔框，系仿明式做法而来。

121
紫檀边框黑漆心识文描金
明皇试马图挂屏

清中期

宽 54.5 厘米　高 86.5 厘米

　　挂屏长方形,以紫檀木做框。屏面黑漆地,
识文描金、银加彩仿制唐代韩幹画《明皇试马
图》原迹,所有历代印记亦一一仿制。有乾隆
皇帝御笔"明皇试马图"题记,用识文描金手
法写成。

　　此屏即以名画为屏心,又有乾隆皇帝的御
笔题记,非常难得,具有极高的历史价值和艺
术价值。

122

紫檀边框泥金农庆图挂屏

<u>清</u>

<u>横长 195 厘米　高 125 厘米</u>

挂屏为紫檀木框，里外起压边线，当中起皮条线。屏心纸地，以泥金画漆手法描绘"农庆图"。画面中远山近水，树石花卉、房舍田园及人物形象生动，刻画入微。由于用金成色不同，反映出不同色彩和层次，在彩绘家具品类中是较少的品种。

123

黑漆描金莲蝠纹宝座式笔架

清中期

长 26 厘米　高 21 厘米

　　笔架为宝座式，通体粿黑漆地，饰描金莲蝠纹。靠背正中嵌玉饰，已脱落，背后饰描金山水楼阁图。靠背两侧及扶手镂空，饰描金缠枝莲、蝙蝠纹。座面设五孔以插笔。面下束腰、牙条及腿足用浓金细勾缠枝莲间菊花纹，底板正面饰描金团花纹，底饰描金折枝花卉纹。

　　此笔架造型别致，制作极精，纹饰细腻，为清中期的漆器精品之一。

124

黑漆描金群仙祝寿图楼阁式钟

清中期

长 102 厘米　宽 70 厘米　高 185 厘米

　　钟楼分两层，能极时极刻。钟盘楼左右侧分别为"海屋添筹图"与"群仙祝寿图"。上层设三门，每逢三、六、九、十二时，机器发动，门扉开启，三位持钟人分别从三门走出。中间人击钟碗表示报时完毕，随即乐起，乐止报刻人退回，门闭，一切活动停止。报时活动热闹活跃，颇具观赏性。

　　钟通体黑漆地，饰描金寿字云纹。钟梁上刻有"乾隆年制"四字，为乾隆时清宫造办处制造。

罩金漆家具是在素漆家具上通体贴金。做法是先在漆地上打金胶，待金胶七八成干时开始贴金箔，因为金胶过湿，金箔会被吃进，这样不仅浪费金箔，金色效果还不好。金箔贴完后，再往金地儿上罩一层透明漆，故名"罩金漆"。罩金漆的特点是金碧辉煌，故宫内皇家礼制建筑中的家具，如太和殿、中和殿、保和殿及后三宫，还有皇帝家庙、佛教和道教的佛堂内家具，都是罩金漆家具，也是明清两代等级最高的家具。

罩金漆家具

125

金漆云龙纹屏风宝座

清早期

屏长 525 厘米　宽 102.5 厘米　高 425.5 厘米

宝座长 158.5 厘米　宽 99.5 厘米　高 172.5 厘米

　　整套屏风宝座通体贴金罩漆，这类罩金漆，一般要贴两到三遍金箔，才能达到预想效果。贴金工序完成后，在外面罩一层透明漆，即为成器。

　　屏风由七扇组成，正中最高，两侧分别递减。每扇上下各有三条横带，内镶绦环板心，正中雕海水纹或云龙纹。屏风正中镶大块绦环板，雕双龙戏珠图案。屏风的边框，用料粗壮，正中起双线。按屏风的制作多为组合式，拆装方便，而这件屏风由于它特定的位置，不需挪动，故制作时采用诸扇榫卯衔接，使整个屏风形成一个坚实牢固的整体。

　　屏风前的宝座上层高束腰，四面开光透雕双龙戏珠图案。透孔处以蓝色彩地衬托，显得格外醒目。座上为椅圈，共有十三条金龙盘绕在六根金漆立柱上。椅背正

中盘正龙一，昂首张口，后背盘金龙，中格浮雕云纹和火珠，下格透雕卷草纹，两边饰站牙和托角牙，座前脚踏、拱肩、曲腿、外翻马蹄、高束腰上下刻莲瓣纹托腮。中间束腰饰以珠花，四面牙板及拱肩均浮雕卷草及兽头，与宝座融为一体。

　　整套屏风宝座，不仅形体高大，而且还坐落在一个长 7.05 米，进深 9.53 米，高 1.58 米的台座上。加上六棵沥粉贴金龙纹大柱的衬托，交相辉映，使整个大殿都变得金碧辉煌。也正由于它非凡的气势，封建统治者都把它做为皇权至高无尚的象征。现陈太和殿。

金漆云龙纹宝座

<u>清早期</u>

<u>长 128 厘米　宽 81 厘米　高 170 厘米</u>

　　宝座通体贴金罩漆，不露木骨，显示出威严、肃穆的气韵和效果。

　　宝座整体由三部组合而成。座面上三面围子，以攒框镶绦环板做法制成座架及后背板，绦环板及背板均浮雕云龙纹。然后在座架上安立柱，再用圆雕手法雕出造型生动、形态各异的龙纹，盘绕在六根金漆立柱上。座面侧沿浮雕海水纹，下有束腰，周圈镶各种颜色宝石（实为各种颜色的玻璃制成）。束腰上下有托腮，浮雕莲瓣纹。注堂肚式牙板雕兽面纹，龙爪式四足，坐落在一同样风格的须弥座上，座前另设足踏。现陈保和殿。

金漆云龙纹屏风宝座

清中期

屏风长 431 厘米　宽 82 厘米　高 335 厘米

宝座长 140 厘米　宽 97 厘米　高 169.5 厘米

屏风、宝座是皇家宫殿的重要陈设形式，在皇帝和后妃居住和日常生活的正殿明间，都陈设着各种质地的屏风和宝座。而众多的屏风宝座中，等级最高者除太和、中和、保和殿的金漆龙纹屏风、宝座外，就地要数乾清宫内金漆龙纹屏风、宝座了。

屏风宝座通体贴金罩漆，加上丹台和两侧红漆大柱的衬托，使屏风宝座显得异常庄重严肃。

屏风五扇组成，正中最高。上部镶楣板，下部镶裙板，浮雕云纹及行龙。正中为屏心，以海水江崖及云龙纹作衬托，方形开光，雕刻提醒皇帝勤政爱民和治国安邦的警语名句。屏框两侧有镂空龙纹站牙，下有长榫销，插座于八字形须弥式底座上。屏风顶端装屏帽，采用镂雕手法刻云龙纹。

屏风前设龙纹宝座，座面以下饰莲瓣纹须弥座，牙板膨出，浮雕兽面纹。拱肩三弯式外翻足，立体圆雕龙爪抓珠。足下衬须弥式底座。面上为九条姿态各异的金龙盘绕在六个金漆立柱上。后背正中的一条龙呈正面姿势，委婉形象，生动自然。后背正中方框中镶板，当中圆形开光，浮雕云龙纹。四角浮雕卷草纹端角花。坐落在五出（正面三出，左右各一出）三层的丹台上。

金漆云龙纹宝座

清中期

长 109 厘米　宽 60 厘米　高 165 厘米

　　宝座通体木胎罩金漆，五屏式座围，上有透雕龙纹屏帽，两端云纹翘头。三扇背屏上分三段装绦环板，上段及中段雕龙纹，下段锼出壸门亮脚。座面端装硬板，面下有束腰，铲地浮雕结子花，托腮雕莲瓣纹。鼓腿膨牙，外翻足，作龙爪抓珠状。下承须弥座。

　　此宝座为奉先殿所用之物，主要用于供奉神位，不是日常使用的宝座。

129

金漆云龙纹宝座

清中期

长 155 厘米　宽 96.3 厘米　座高 66.3 厘米　通高 175.5
厘米

宝座通体罩金漆。楠木制，座面四面侧沿
浮雕蝙蝠间斜卐字锦纹地，上下托腮雕云龙纹，
中间为卷草纹束腰。下托腮的下部亦雕出蝙蝠
间斜卐字锦纹地，与座面相呼应。牙条四边垂
直，浮雕云纹及兽面纹。四角拱肩处雕兽头，
三弯式腿，外翻龙爪抓珠。足下带须弥式托座，
纹饰与面下束腰做法相同。座上为椅圈，共有
九条金龙盘绕在六个金漆立柱上。椅背正中
攒框镶心，正中圆形开光，浮雕蝙蝠及圆寿字。
四角饰夔纹角花。靠背外侧下角，饰透雕支纹
座角牙。上方饰透雕如意纹，当中盘正龙一，
昂首张口，两侧各有翻转回旋的九条金龙盘绕
在六根金漆立柱上。座前有脚踏。

宝座由于其形体高大，显得异常雄伟庄
重，原陈皇极殿，与两侧沥粉贴金龙纹大柱交
相辉映。

红漆糅金云龙纹交椅

清中期

长 107.5 厘米　宽 104 厘米　高 121 厘米

　　交椅前后两面均满糅金漆，为五棱形椅圈，
与扶手处圆雕螭首相连，颇似两条蜿蜒曲折的
螭龙。背板浮雕"苍龙教子图"，两侧饰流云纹，
背面浮雕道教"五岳真形图"，间布海水流云。

　　交椅丝绳编结座面，前沿两端圆雕螭头。
前后两腿交叉，交接点做轴。并镶以透雕罩金漆
夔凤纹花牙。红地素漆托泥。

131

红漆髹金云龙纹交椅

清中期

长 52.5 厘米　宽 41 厘米　高 105.5 厘米　通高 114 厘米

　　交椅亦以金漆为饰。五棱形的椅圈，与扶手前部龙头相连，整体造型犹如两条蜿蜒的龙形。背板正面髹金漆雕"苍龙教子图"，背面雕"五岳真形图"，间布云水纹，道教认为此图象征华夏五大名山，佩带此图可以逢凶化吉。椅圈、背板及扶手间饰流云，亦以金漆为饰。席心座面，面前沿两端雕螭首，面下腿间雕夔龙纹牙子。足下承托泥，前设脚踏。

　　交椅在古代俗称"胡床"，宋代又有"太师椅"之名。源于北方游牧民族，后逐渐发展为皇帝行的仪仗交椅。民间所用以硬木居多，不许用金漆。

132

金漆夔龙纹三足凭几

清早期

长 88 厘米　宽 9 厘米　面高 31.5 厘米　通高 47 厘米

　　几为木胎，通体髹金漆。面呈弧形，两端翘起作浪花状。面下三足，三弯式腿，拱肩雕出兽头。腿足雕成兽头吐水状。在水注落地处卷起，正好形成外翻马蹄。构思巧妙，设计之精独具匠心。束腰部分内侧嵌牙雕三块，以高浮雕手法装饰"苍龙教子图"；外侧凸雕夔龙纹，刻工亦精。

　　这种弧形凭几是供席地起居时凭伏的一种家具，最早出现在魏晋时期，南北朝时非常流行，极适合游牧民族使用。宋代以后，广大汉族地区基本淘汰，而北方各游牧民族仍有使用。这件金漆三足凭几就是皇帝出行时在帐蓬内使用的。

黑漆髹金云龙纹肩舆

清中期

长 400 厘米　宽 110 厘米　座高 110 厘米

　　肩舆又称"步舆"，是皇帝在宫内往来时
乘坐的交通工具。前后各四人肩抬，合称八抬。
上部还保留着圈椅的形式，作五棱形，尽头雕
圆周龙首。

　　此肩舆以黑漆为主，外罩金漆。面下高束
腰，正好夹住两边的轿栏。束腰下鼓腿膨牙，
足下连底托。此肩舆肩舆背板正面浮雕云龙纹，
背面为"五岳真形图"，椅圈与座面内侧镶流云
纹。束腰正面饰三组卡子花。四腿与牙条做出
多棱形与牙条交圈，里口镶云纹牙，均以罩金
漆手法满饰金漆。金漆花纹与黑色漆地形成强
烈反差，使整件器物异常美观。

紫檀边框金漆五经萃室记围屏

清中期

通长约 230 厘米　单扇宽 38 厘米　高 188 厘米

　　屏风紫檀木做框，五抹。屏心双面髹金漆。裙板正中镶圆浮雕双螭拱寿纹，外罩金漆。裙板上下镶条形雕花板，亦浮雕双螭拱寿纹。壸门式牙条浮雕双螭纹。外罩金漆。

　　上部屏心以漆为地，以木为材镂成汉字，外罩金漆，再以周制镶嵌法镶在屏心上，内容为乾隆御制《五经萃室记》全文。

　　此屏原为乾清宫东侧昭仁殿内后西室所陈之物，据《清宫述闻》内廷"昭仁殿条"载："乾隆九年，昭仁殿后西室匾曰'慎俭德'，再后西室匾曰：'五经萃室'。高宗纯皇帝敕汇贮宋岳珂校刻五经于此。"屏上恭悬圣制《五经萃室记》。

五經萃室記

事雖大而無闗於天理人心之正者不可煒有文
而為之記事雖小而有闗於天理人心之正者不可
憫其無文而弗為之記五經萃室之記蓋有合於
淩之所云者五經之有闗於天理人心夫人之所知
也而謂其事小者徒以萃宋時岳珂兩刻之五經故

回小然而六百歲之間分之復合散之仍聚則其事
亦不謂小而況數大聖人之精微示天理正人心
斯可憫其無文而弗為之記耶岳珂所刻之五經奈
何盖自乾隆甲子時蒼華宋元明三代舊板之貽
仁殿名曰天祿琳瑯其時即有岳氏所刻之春秋未
詳其所由來亦不過典別部春秋一例載之天祿琳

鄉之書而已茲復得岳氏所刻易書詩禮記四種而
獨闕春秋因恩天祿琳瑯中或有其書命細檢之則
岳氏所刻之春秋故在其板之延袤分寸無不脗合
而每卷之後皆有木刻亞形相臺岳氏刻梓荊溪家
塾印大小篆文楷書不等且每頁之末傍刻篇而紀識
如易之乾坤卦書之堯舜典之類用心精而紀識類

審即宋板之最佳者六不多見也至扵收藏家則易
書詩盖同經七八家都略有異藏禮記者四家藏春
秋者三家夫岳氏之書院分而合幸合則不可使後
分但天祿琳瑯之書久成所錄諸書皆以四庫分類
架貯昭仁殿其兩申以後獲之書別弆扵御花園
之養性齋以待續入兹徹出昭仁殿之春秋以還岳

氏五經之舊仍即昭殿之後廡所謂慎儉德室者分
一楹名之曰五經萃室都置一几是舊者固不出昭
仁殿而新者亦弗闌入舊書中似此位置可謂得宜
吾因思之位置一切政務六能如是脊滑扵所謂
得宜者六有合扵天理人心之正而不違五經之旨
扵刊寫家分而復合者盖少遂命選善書

135

朱漆描金云龙纹供桌

<u>清中期</u>

<u>长 218 厘米　宽 147.5 厘米　高 124 厘米</u>

供桌为佛堂专用供桌。面长方形，两端带翘头，两侧案腿缩进安装，四腿与面髹红漆。两侧腿间装一整块牙板，下部垂云纹洼堂肚。牙板透雕云龙纹，下部雕海水江崖。腿外装托角牙条，透雕祥云纹。

桌面及四腿以外，所有透雕牙板、牙条均以罩金漆手法制作，给人以金壁辉煌、庄重肃穆的气氛。现陈设于钦安殿。

填漆即填彩漆，是在先做好的素漆家具上描画花纹，再用刀或针尖依画稿刻出低陷的花纹，然后依花纹所需的色彩用彩漆填平花纹。这类家具在故宫收藏较多，原因是工艺简便易成，装饰效果较好。

戗金是在素漆底上描好花纹，再用刀尖或针尖划出花纹，形成低陷的阴沟，再在阴沟内打金胶，将研碎的金箔洒在花纹上，用棉花球压，使阴沟内粘满金箔。完工后，花纹保持低陷的纹路，这种做法称为"戗金"。

描彩漆即在素漆底上画好花纹轮廓，再用各色彩漆直接在素漆地上描画花纹，以收到绚丽华贵的气派。

填漆戗金 描彩漆家具

136

填漆戗金云龙纹罗汉床

明晚期

长 183.5 厘米　宽 89.5 厘米　座高 43.5 厘米　通高 85 厘米

床形体取四面平式，壸门式牙板与腿足交圈。四腿甚粗壮，扁马蹄。通体红漆地，床身正面及左右雕填戗金双龙戏珠，间填彩朵云纹。床围正面及两扶手里外雕填戗金海水江崖纹，中间正龙一条，双爪高举聚宝盆。两侧行龙各一条，间布彩云及杂宝纹。床身背板后面雕填戗金栀子花、梅花及喜鹊。后背正中上沿，线刻戗金"大明崇祯辛未年制"楷书款。

填漆加戗金工艺，即在填好的花纹边缘雕出细沟，再用戗金的做法勾勒花纹边缘，属于两种工艺手法相结合。

填漆戗金花鸟纹月牙式椅

清中期

长 52 厘米　宽 35 厘米　高 75 厘米

　　椅为木胎，通体黄漆地，以理沟戗金手法装饰花草纹及山水风景纹。

　　椅座面呈月牙式，正面向内凹，面下带束腰，方形直腿，内翻马蹄。面上弧形座围，直后背顶端微向后卷，两侧安圆形卷云纹扶手。

填漆戗金福寿纹扶手椅

清中期

长 65 厘米　宽 47.5 厘米　高 91.5 厘米

　　扶手椅造型奇特，椅面与前腿好似一块整板弯曲下卷而成，正面挖出鱼门洞，形成前腿及踏脚。后腿方形，以拐子纹横枨前后连接。面上靠背顶端后卷，下部开出壶门亮脚，两侧用拐子纹与后边柱连接，扶手前端做出软圆角，两端饰回纹卷头。

　　椅通体红漆为地，再用填漆加理沟戗金手法装饰缠枝莲纹及五福捧寿纹，有祝颂幸福和长寿的含义。

填漆戗金蝠寿纹梅花式杌

<u>清中期</u>

<u>面径 32.5 厘米　高 43 厘米</u>

　　杌为五腿梅花式，面下有束腰，带托腮，披肩式牙子，弧形腿内翻马蹄，带梅花式托泥。

　　杌通体红漆地，以理沟戗金手法装饰花纹。面心、侧沿、束腰、牙子及腿的内外面均以理沟戗金装饰蝙蝠、寿桃纹，腿子两侧线刻填金亞字不到头的锦纹。下踩托泥。

　　此杌造型美观，轻巧实用。为清代乾隆时期精品。

140

填漆戗金云龙纹长方桌

<u>明晚期</u>

<u>长 89 厘米　宽 64 厘米　高 71 厘米</u>

　　桌为案形结体，边缘起拦水线，剑柄式腿，镶壶门式牙板。黄铜套足。

　　桌周身红漆地，桌面葵花式开光，雕填戗金双龙戏珠纹，上部饰聚宝盆，下部饰八宝立水纹，间以填彩流云纹。四角折枝花卉纹，桌边黄色起线，填红格黑卐字锦纹地。牙板雕填戗金双龙戏珠纹，腿和枨雕填勾莲花卉纹加红色线边。红色漆里，中刻"大明万历癸丑年制"款。

填漆戗金描彩漆家具

填漆戗金云龙纹小琴桌

明晚期

长 97 厘米　宽 45 厘米　高 70 厘米

桌长方形，下承束腰，直腿，内翻马蹄。周身红漆地，面有长方形开光，饰戗金二龙戏珠纹，雕填彩云立水纹，开光外黑方格锦纹地，四周为葵花式开光，饰戗金方格锦纹地。侧沿填彩朵云纹，束腰饰戗金填彩折枝花卉纹，立水沿板饰戗金双龙戏珠纹。腿面饰戗金填彩赶珠龙，间黑卐字方格锦纹地，腿里部素地填彩朵云纹，黑素漆里，与桌面隔出一定空隙，镂空钱纹两个，目的是为提高琴音效果，起到音箱的作用。

此桌虽无款识，经与宫藏同类器物相比较，其漆色、纹饰、造型、做工等均与明万历时期相差无几，且存世量少，因此具有十分重要的历史价值。

填漆戗金云龙纹供桌

清早期

长 135 厘米　宽 101 厘米　高 86 厘米

供桌长方形，双层桌面，四角带角牙。壶门式牙条与腿交圈，拱肩三弯腿外翻卷云式足。上层桌面四边带拦水线，四边菱形开光，饰双龙戏珠纹。当中葵花式开光，以理沟戗金手法饰双龙戏珠纹。四角饰行龙纹。下层桌面镂二十四圆孔，孔周围饰朵云纹及龙纹。束腰分格镶绦环板，饰龙纹。牙条与腿饰龙纹，壶门牙曲边饰金漆。

此桌结构与装饰繁缛，特别是金漆云龙纹，雍容华贵，富丽堂皇，体现了皇家独有的气派。

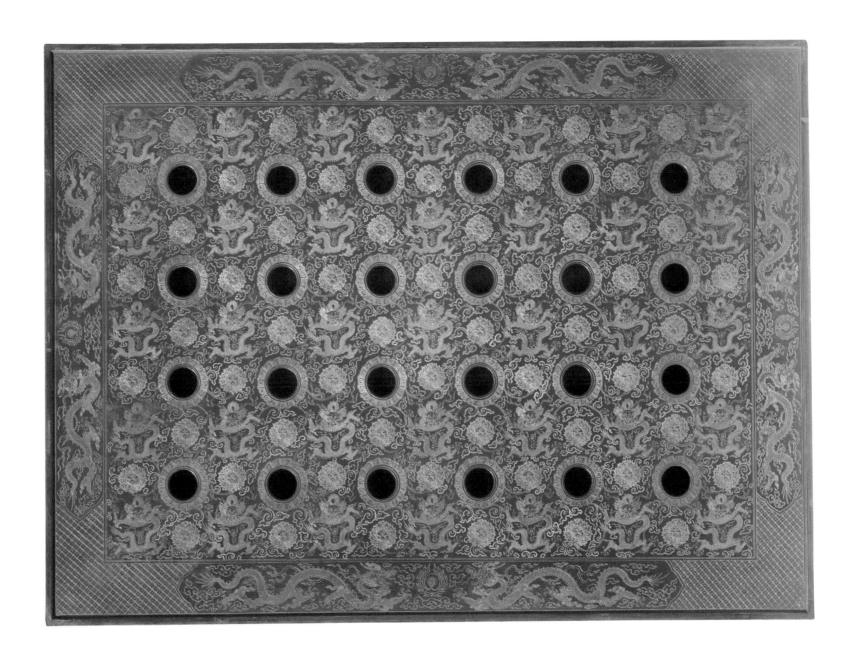

黑漆彩绘花卉纹长桌

<u>清早期</u>

<u>长 161 厘米　宽 70 厘米　高 86 厘米</u>

　　长桌通体木胎，髹黑漆，桌面开光，以彩
漆描绘荷花、鸟及寿石图。四周以嵌螺钿锦地
开光，开光内饰彩漆花卉蝴蝶纹。桌里四角安
霸王枨与四腿连接，牙条与腿转角处有黄杨木
透雕夔龙纹角牙，直腿内翻马蹄牙条、腿足均
用彩漆绘花卉及蝴蝶纹。

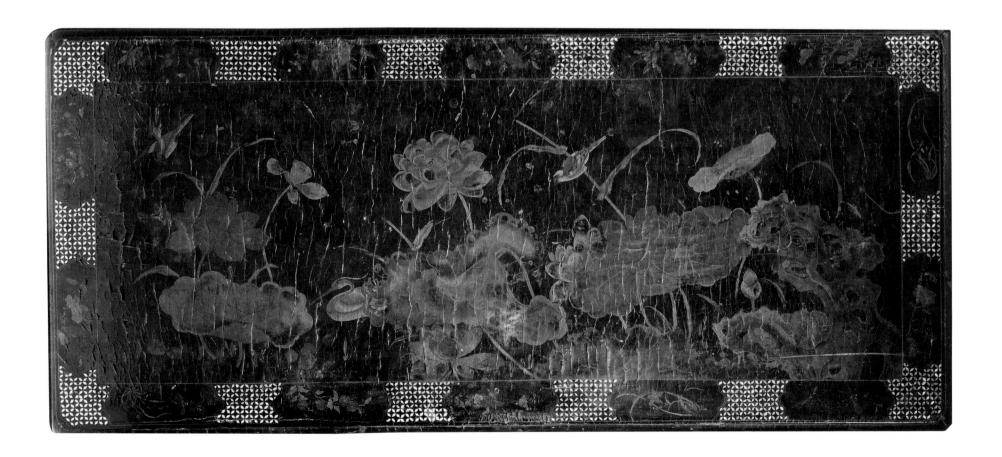

填漆理沟戗金凤凰花鸟纹长桌

清中期

长 162.5 厘米　宽 50.5 厘米　高 83 厘米

长桌案形结体，圆腿，牙条下垂牙头，前后腿间安双枨。

桌通体红漆地，桌面边缘用理沟填黑漆斜方格锦纹做出菱形开光，开光内饰理沟戗金折枝花卉纹。面心以填漆黑方格锦纹为地，以填彩漆和理沟戗金两种工艺饰双凤牡丹及花鸟图。桌牙与腿亦用填漆及戗金两种工艺装饰折枝花卉纹。

145

填漆戗金云龙纹长方桌

清中期

长 160.5 厘米　纵宽 84.5 厘米　高 85.25 厘米

桌体取四面平式，无束腰。面下高拱罗锅
枨乃格角攒成。用卷云纹卡子花与桌面连接在
一起。四腿挖缺做，内翻马蹄。

此桌通体黄漆地，桌面饰填漆戗金海水云
龙纹，四边饰填漆戗金朵云、行龙及夔龙，侧
沿及腿面饰填漆戗金行龙、升龙及夔龙。此桌
为雍正时期制作。

填漆戗金云龙纹长桌

清中期

长 186.5 厘米　宽 44.5 厘米　高 84.5 厘米

桌为长方形，面下束腰，分段镶板，当中
锼出炮仗洞。牙板正中垂云纹洼堂肚。拐角处
锼出云纹，两卷相抵。直腿内翻马蹄。

桌木胎，桌面采用填漆戗金手法，表现双龙
及祥云图案。此桌为清中期制作。

147

填漆戗金古刹山庄图长方桌

<u>清中期</u>

<u>长 106 厘米　宽 78 厘米　高 82 厘米</u>

　　桌为长方形，面下有束腰，直腿内翻马蹄。
四腿内角安霸王枨。桌通体木胎，髹红漆，再
以填漆及戗金两种工艺装饰花纹。桌面饰"古
刹山庄图"，侧沿及束腰饰填漆戗金回纹，牙条
及腿饰填漆戗金菊花纹。

填漆理沟戗金云龙纹长桌

清中期

长 185 厘米　宽 55 厘米　高 85 厘米

　　长桌木胎，髹黄漆地，再以填彩漆加理沟
戗金手法装饰花卉纹。桌面饰云龙纹，边沿饰
拐子纹，面下有束腰，饰云龙纹。牙条下另安
透雕夔龙纹花牙，直腿回纹马蹄，饰云纹。

填漆理沟戗金山水风景长方桌

清中期

长 101 厘米　宽 66.5 厘米　高 83 厘米

　　桌面长方形，面下有束腰，直腿内翻马蹄。四腿内角安霸王枨。

　　桌为木胎，通体髹红漆，再以填漆及戗金两种工艺装饰花纹。桌面边缘饰理沟戗金斜方格锦纹开光，开光内饰山石、翠竹及各种花草。侧沿及束腰饰填漆戗金回纹，牙条及腿饰填漆戗金菊花纹。

150

填漆花鸟纹长桌

清中期

长 156.5 厘米　宽 49.5 厘米　高 82 厘米

桌长方形，案形结体。面下长牙条，圆柱腿两侧装牙头，前后腿间安双枨。足端安铜套足。

长桌通体木胎髹彩漆，以填彩漆手法装饰花纹。桌面饰填彩山石、花卉、雉鸡，侧沿、牙板、腿子饰填彩漆折枝花卉纹。

填漆戗金勾莲蝙蝠纹长桌

清中期

长 154.5 厘米　宽 54 厘米　高 85 厘米

　　桌长条形，木胎糅红漆，再以雕填手法装
饰花纹。桌面正中雕填菱形套方纹，周围饰缠
枝勾莲纹，再外为云纹及蝙蝠纹。面下有束腰，
以立柱分为数格，当中镶板，并镂出开光洞。
牙板下有极窄的小牙条。直腿足下带托泥。面
沿牙板及腿足各部均以雕填手法饰勾莲纹。装
饰花纹线条流畅，具有很高的艺术价值。

152

朱漆彩绘花鸟纹长桌

<u>清中期</u>

<u>长 94 厘米　宽 51 厘米　高 82 厘米</u>

　　桌长方形, 面下有束腰, 直腿内翻马蹄。腿内安霸王枨与桌里的穿带相连, 造型简练舒展。

　　长桌通体朱漆地, 桌面彩漆描绘花鸟纹。侧沿、桌牙及腿用彩漆描绘缠枝花卉纹。色彩艳丽, 尽显雍容华贵之气质。

填漆戗金卐字勾莲纹长桌

清

长 139.5 厘米　宽 48.5 厘米　高 84 厘米

　　桌面侧沿饰冰盘沿，面下有束腰，分段镂出炮仗洞，周圈饰勾莲纹。束腰下承托腮，直牙条，直腿内翻马蹄。牙条与腿的拐角处有拐子纹角牙，两侧间安横枨，枨上装方形圈口，枨下安托角牙。

　　桌身通体红漆做地，以理沟戗金手法装饰卐字锦纹，俗称"万不断"。

154

彩漆架几案

清中期

长 386 厘米　宽 71 厘米　高 98 厘米

架几案通体木胎，髹黑漆。几面用整块独

板制成，先以糊布挂炭等工序制成素漆家具，再以彩漆绘制花纹。

架几桌由两几一面组成，大多成对左右对称陈设。取四面平式面下装两抽屉，腿间安屉板，屉板上框两角装夔龙纹托角牙。目的在于加强牢固性。结构科学合理，且装饰华丽。现陈设于永寿宫。

填漆戗金花卉纹炕案

<u>清早期</u>

<u>长 160 厘米　宽 30 厘米　高 39 厘米</u>

　　案为长条形，两端带小翘头，壶瓶式板腿。黑漆地案面饰雕填戗金开光花卉纹，红色钱纹锦地。两端饰雕填折枝花卉纹，红卍字方格锦纹地。鳅背小圆翘，案边沿板和腿部均戗金双勾红线，填彩暗八仙，戗金填彩流云纹，散布折枝花卉纹。左右为瓶式开壶门式板腿，里面均彩漆雕填串枝勾莲纹。红色漆里，刻"大清康熙年制"楷书款。同时有早年所贴"寿康宫在帐"的字条，说明此案原陈寿康宫。

红漆理沟戗金花卉纹半圆桌（一对）

<u>清中期</u>

<u>面径 64.5 厘米　高 80.5 厘米</u>

　　桌面为半圆形，木胎髹红漆。以理沟戗金
手法装饰花纹，侧沿饰蝙蝠、折枝寿桃。面下
束腰托腮雕拐子纹、卷草纹及回纹。牙条、牙
头皆雕卷云纹，四腿上饰蝙蝠、折枝寿桃。下
部装透雕螭纹底盘，底盘下亦安有牙条。纹饰
洋溢着"福寿双全"之意。

　　此桌成对为一对组合，两桌对拼恰可组成
一个圆桌，常用于厅堂两侧对称陈设。

红漆理沟戗金龙纹春凳

明

长 134.5 厘米　宽 43 厘米　高 53 厘米

　　春凳通体红漆，凳面以理沟戗金手法装饰山水楼阁图。面下有束腰，分段镶板四角露出四腿上节，束腰下装托腮，饰卷云纹。壶门式牙条，正中饰分心花，饰理沟戗金双龙戏珠纹。直腿内翻马蹄。饰升龙纹。从其造型、纹饰风格看，应为明代制品。

　　春凳即长条凳，有时也可作炕几使用。

填漆戗金描彩漆家具

黑漆理沟戗金云龙纹宴桌

清早期

长 118.5 厘米　宽 84 厘米　高 32 厘米

宴桌为木胎，通体髹黑漆，以理沟戗金手法装饰云龙纹。宴桌双层面，上层面边缘起拦水线，四边罩金漆，当中饰理沟戗金正龙，四角锦地开光，开光内戗划双龙戏珠纹。下层面开出圆形透孔十五个，分列三行，圆孔之间戗划团龙纹，面下高束腰，四角露出四腿上节，中间镶带鱼门洞的绦环板。直牙条、牙条之上亦以双龙戏珠纹为饰。壶门式曲边与腿交圈，边缘起线饰漆。拱肩蚂蚱腿外翻足。

此桌黑漆地与金色龙纹形成色彩反差，使图案格外醒目，艺术效果极佳。

填漆云龙纹宴桌

<u>清中期</u>

<u>长 94 厘米　宽 63 厘米　高 33 厘米</u>

　　宴桌长方形，通体髹红漆地，以填彩漆手法装饰花纹。四边起拦水线，拦水线内填黑漆回纹边，当中菱形开光，正中填彩正龙圆寿字。周围散布流云纹，开光外填彩各种形体的长寿字。面下有束腰，膨牙三弯腿，外翻马蹄，均以填彩手法饰龙纹及云纹。

　　此桌为乾隆皇帝举行千叟宴时使用的宴桌。

彩漆海屋添筹宴桌

清中期

长 108 厘米　宽 77 厘米　高 34 厘米

　　宴桌长方形，边缘起拦水线，以金漆描饰方格纹。束腰开出长条形透孔，束腰下衬莲瓣纹托腮。直牙条，边缘锼出如意纹曲边。拱肩直腿内翻马蹄。方形小垫脚。牙条与腿以填彩漆手法饰花卉纹。

　　此桌最突出的纹饰是桌面当中的图案，它以多色彩漆描绘的历史神话故事"海屋添筹"。此故事出自宋代苏东坡的《东坡志林》，"尝有三老人相遇，或问之年，一人曰：吾年不可记，只忆得少年时与盘古有旧；一人曰：事年不可记，只知吾所食蟠桃，弃其核于昆仑山下，如今已与昆仑山齐矣；一人曰：海水变桑田，事辄下一筹，尔来吾筹已积满十间屋"。后来人们把这个故事绘成图案，用于祝颂长寿。

161

红漆理沟戗金云龙纹金包角宴桌

<u>清早期</u>

<u>长 112.5 厘米　宽 75.5 厘米　高 33 厘米</u>

　　宴桌长方形，桌面边缘起拦水线，正中菱形开光，雕填正龙，四角饰行龙，周边填红漆斜方格锦纹开光，开光内饰戗金双龙戏珠纹。桌面侧沿饰冰盘沿，高束腰以矮佬分为数格，当中镶板并起贴金绦环线。束腰上下饰托腮。壶门式牙条，当中饰分心花。三弯式蚂蚱腿，里口起线贴金与壶门牙交圈。另在桌面四角和四个拱肩处镶纯金云纹包角。

　　这种宴桌，按清宫则例规定，只有皇帝、太后、皇后才有资格使用。在清宫家具品类中等级较高。

162

红漆理沟戗金卍字云蝠纹炕桌

清早期

长 82 厘米　宽 61 厘米　高 33 厘米

桌为木胎，髹红漆。束腰饰忍冬纹，鱼肚式牙子，四腿作鼓腿膨牙式，足端削成内翻马蹄，落在托泥上。桌面边沿饰回纹，面心饰夔龙纹，开光内绘缠枝芙蓉纹，点缀蝙蝠纹，正中为卍字纹，开光外环饰云蝠纹。桌面、束腰冰盘沿及腿牙上饰缠枝莲纹，点缀蝙蝠纹，寓意"福贵不到头"。

163

填漆戗金云龙纹炕桌

清中期

长 85.5 厘米　宽 57 厘米　高 36 厘米

桌面填金漆戗金升龙，周围满布五彩流云纹，红色斜方格黑卍字锦纹地。桌面四周有漆栏，以钱纹锦地做开光，开光内饰赶珠龙。腰板饰戗金彩色双螭图案，沿板牙饰如意云纹，雕填戗金彩色双龙戏珠纹，间钱纹锦地。肩雕填朵莲纹各一朵。填彩双螭纹象鼻式足。下承圆珠。

炕桌淡褐色漆地，黑素漆里，在填彩类家具中，为稀有精品。

填漆戗金花卉纹随形几

清早期

长 33 厘米　宽 14 厘米　高 10 厘米

几面边沿呈不规则弯曲状，曲腿，外翻卷云足，下连托泥。

几通体髹赭色漆，几面饰斜方格卐字锦纹地，以棕、红、绿、白色填玉兰、月季、蜻蜓等图纹，花的叶脉纹理戗金。四腿饰佛手、葡萄、

桃实等花果纹，有长寿、多子之寓意。足饰琴、书等杂宝纹。面背后刻"大清康熙年制"楷书款。

此几造型奇特轻巧，设计独具匠心，堪称康熙年间的漆器佳作。清代填漆戗金工艺是先在漆地上刻出花纹，再在花纹内填各色彩漆，然后对图纹边缘勾画轮廓线，最后在轮廓线内戗金。

彩漆牡丹纹长方几

清中期

长 38 厘米　宽 18 厘米　高 12 厘米

几面长方形，四腿直下，侧面两腿间挡板镂空。几面灰色地，以浅灰色描绘折枝牡丹花，以深蓝色绘流云纹，以黄色漆勾勒轮廓及叶脉纹理。

此几造型简洁轻巧，色调冷淡，典雅素美。彩绘漆器，系指以单色漆为地，上面用彩漆描绘图案。这类漆器，清宫常见彩漆描绘和油彩描绘两种，其特点是描绘的色彩浮于漆的表面，以手触之，有隐起之感。

填漆戗金云龙纹双环式香几

清早期

长 24.4 厘米　宽 23 厘米　高 50.5 厘米

　　几面双圆相叠，下承束腰，象鼻式六足，
下承珠式足，有双环式托泥。面上填彩红、蓝
二色龙各一条，中饰火珠，间布彩云、立水纹，
边缘散布填彩花蝶纹。牙板填彩折枝花卉纹。
肩以下和腿足里侧饰填彩漆饰百蝶纹及折枝花
卉纹。底光黑漆，中刻"大清康熙年制"款。

　　此几年代准确，对研究清代家具有重要参
考价值。

填漆戗金云龙纹梅花式香几

清早期

面径 25 厘米　高 51 厘米

　　几面为梅花式，下承束腰，五腿，三弯式外翻足。承珠下带须弥式圆托泥。

　　香几通体黄漆地，几面雕填戗金黑色正龙。间以彩色流云海水纹，边开光饰折枝花卉纹。束腰及牙板饰填彩折枝花卉纹，间以勾莲纹。六腿开光饰折枝花卉纹，均间以卐字锦纹地，下踩彩色勾莲纹托泥。底光黑漆，中刻"大清康熙年制款"。

168

填漆戗金云龙纹海棠式香几

<u>清早期</u>

<u>面径 29 厘米　高 74.5 厘米</u>

　　几面为海棠式，下承束腰，拱式腿，足向
外翻，下有海棠式托泥。

　　香几周身黄漆地，以填彩漆和戗金手法，
饰锦地开光云龙纹和折枝花卉纹。几面雕填一
黑漆正龙，下部饰海水江崖纹，龙身红色火焰
散布彩色飞云纹。边缘开光饰花卉纹，填黑漆
古钱纹锦地，足托雕填红色正龙一条，饰填黑
漆流云立水纹。底光黑漆，中刻"大清康熙年制"
款。具有明显的明式风格及特点。

169

填漆戗金云龙纹方几

清早期

面径 22.5 厘米　高 50.4 厘米

几面正方形，下承束腰，三弯式腿，足向外翻，下有葵花式开光方盘形托泥。

香几通体黄漆地，以雕填和戗金两种工艺装饰花纹。几面葵花式开光上饰戗金行龙、彩云、聚宝、立水纹。四角开光饰勾莲团花纹，间黑卐字方格锦纹地。腰板饰彩色螭纹。四腿饰彩色折枝花卉纹。托泥饰戗金云龙纹、立水纹，间黑卐字方格锦纹地。黑素漆里，中刻"大清康熙年制"款。

填漆花纹辇式香几

<u>清中期</u>

<u>长 56 厘米　宽 19.5 厘米　高 27.9 厘米</u>

几呈辇式，长方形车厢，后有双轮，辕前有一轮。

几通体髹深褐色地，以红、黄色漆填饰花卉卐字纹。车厢为平顶栏杆式，饰垂云纹。顶上填有卐字锦纹。与厢四周由镂空菱花槅扇组成，前后各两扇，左右各两四扇。辕轴镶有铜镀金饰件。

此几造型奇特，做工精致，花纹简洁，其内和顶可置香具，也可作为陈设观赏品。

填漆戗金双龙纹立柜

明中期

长 92 厘米　宽 60 厘米　高 158 厘米

　　柜作齐头立方式，两扉中间有立柱，下接裙板，直腿间镶拱式牙条。黄铜素面合叶、包铜套足。

　　柜周身红漆，柜正面左右两门相对，雕填戗金升龙二条，龙为紫色漆底，二龙各伸一爪高举聚宝盆，间布流云纹。下部饰立水纹，红卐字黑方格锦纹地。四周和中栓饰戗金雕填串枝莲纹。门下裙板雕填戗金双龙戏珠纹。左右侧雕填戗金正龙一条，间布流云纹，下部饰戗金填彩立水纹，满布红卐字黑方格锦纹地。围以红色漆地戗金填漆串枝勾莲边。膛板边缘饰金彩流云纹。柜背黑漆地，上部饰描金加彩"海屋添筹图"，下部饰金彩花鸟纹。在柜背横框上有阴刻戗金"大明宣德甲戌年制"楷书款。

　　查宣德年间无"甲戌"年，宣德年以后的甲戌年是景泰五年、正德九年、万历二年和崇祯七年。另外嘉靖以前的漆器款文中加干支字的极为少见。其次，立柜的漆色和纹饰以及柜型都不像宣德时代的艺术风格，故疑款文为明万历时改刻的。

填漆云龙纹柜

明晚期

长 124 厘米　宽 74.5 厘米　高 174 厘米

　　柜为平顶立方式，两门之间有活动立栓，铜质碗式门合页。柜内设黑漆屉板二层，柜正面左右门相对，填葵花式开光，饰紫脸戗金行龙二条，下部饰填彩立水纹，红牙字黑方格锦纹地，四周和中栓饰戗金填彩开光花卉，下部有开光鸳鸯戏水。两侧饰戗金填彩云龙立水，开光饰填彩花卉边沿，柜后背上部饰填彩戗金牡丹蝴蝶，下部饰填彩松鹿围以串枝勾莲。全部黑漆里，屉板为填彩串枝莲边缘。柜后背刻"大明万历丁未年制"楷书款。

红漆理沟戗金花卉纹柜格

清中期

长 94 厘米　宽 48 厘米　高 166 厘米

　　柜格齐头立方式，通体红漆地，正面分上
中下三层，正面框架自上而下分别饰理沟戗金
缠枝莲纹和双夔龙戏珠纹。两面侧山板饰戗金
梅花翠竹。上部分两层，四面开敞，中间部分
为横竖三行开光洞，正中三个抽屉，开光中镶
海棠式拉手，两侧各设一门，做出与中间相同
的亮洞装饰。下部正面为鱼肚圈口，三面装板。
腿间安有罗锅枨式牙子，用两组双矮佬与上部
横带连接。包铜套足。

填漆戗金花卉纹博古格

清中期

长 97.5 厘米　宽 51 厘米　高 175.5 厘米

　　博古格齐头立方式，四框外表红漆地，开
光内饰填漆戗金花卉纹。正面开七孔，高低错
落，上格两侧开壸门圈口，其他或圆或方以求
变化。格里以黑漆加描金两种手法饰花蝶纹和
山水风景纹。

填漆戗金云龙纹多宝格

清中期

长 97.5 厘米　宽 51.5 厘米　高 174.5 厘米

　　多宝格格面高低错落，正面左下角设板门
两扇，右下角设抽屉两个，其余三面开敞。

　　格通体木胎，髹红漆，格身内外屉板、立墙、
板门、抽屉均以填漆戗金手法饰云龙纹、孔雀
杂宝纹，边框饰卷云纹及拐子纹。格下有卷云
纹洼堂肚式牙条。为清宫旧藏之物。

填漆锦纹小炕柜

清中期

长 35 厘米　宽 17 厘米　高 59 厘米

　　小炕柜上下对开两门，下设一屉。小炕柜通体红漆地，在褐色地上饰不同图案的锦纹，开光内为朵花八方锦纹，开光外为单一的朵花锦纹，它们各自排列有序，整齐划一，主次有别。

　　填漆工艺明代有之，但流传下来的作品不多，清代制作的相对较多。其主要工艺特点是漆面平滑，色彩丰富，而以填漆工艺制作家具则比较多见，从造型、色彩、加工手法等方面看均为清中期的艺术风格。

填漆戗金云龙纹箱

<u>明晚期</u>

<u>长 51 厘米　宽 32 厘米　高 32 厘米</u>

　　小箱盖面微隆起，下连阔座。箱体前后两
面有铜镀金錾花饰件，左右两侧面有提环。通
体髹朱漆地，饰戗金彩漆纹饰。盖面及四侧面
均有菱花形开光，内以方格锦纹为地，上饰双
龙戏珠纹，并衬以海水江崖和四合如意云纹。
开光外、盖侧面及座侧面均饰缠枝花卉纹，箱
内及底髹黑漆。

　　此箱造型规矩典雅，纹饰精美传神，堪称
传世佳作。

178

填漆锦地花卉纹小箱

清中期

长 51 厘米 宽 42 厘米 高 14 厘米

箱长方形，箱盖与箱体有铜镀金合页相连。通体髹朱漆地，刻龟背菊花锦纹，锦纹内填绿色漆。盖面和箱壁锦地上饰彩绘双桃、双柿、茶花、水仙、菊花、竹子等花果纹，有仙祝长寿、事事如意之意。

此箱造型规矩，轮廓线条优美，工艺精致，色彩典雅富丽，填漆饱满，不露填色痕迹，显示出清中期高超的漆艺水平。

179

填漆戗金云龙纹箱

明

长 95 厘米　宽 63 厘米　高 42 厘米

箱长方形，通体朱漆地，弧形盖，带底托。箱身镶铁质鋄金银面叶及提环。箱盖及四竖墙中心各有黄漆地戗金海棠式开光，雕填龙戏珠立水勾莲图案，间卍字锦纹地，边有开光饰填彩缠枝莲纹。四角饰卍字锦纹地，填彩漆灵芝皮球花卉纹。黑素漆里，从纹饰和风格特点看，应为明代万历时期作品。

180

彩漆戗金双龙纹小箱

<u>明中期</u>

<u>长 26 厘米　宽 16 厘米　高 25 厘米</u>

　　箱顶有盖，前有插门，前、后均有錾花铜镀金合页，左右有提环，内装大小抽屉八个。

　　小箱通体髹赭色漆为地，雕填彩漆戗金花卉纹，盖面、插门和后壁雕填双龙穿花捧寿字，两侧饰填漆戗金桃树、灵芝、飞鹤、流云纹，底边为杂宝纹。各屉面分作松竹、花果纹等。底髹朱光漆，正中有刀刻填金"大明嘉靖年制"楷书款。

181

填漆戗金云龙纹文具箱

<u>清早期</u>

<u>长 52.5 厘米　宽 42 厘米　高 55.5 厘米</u>

　　文具箱木胎，髹黑漆，箱体立墙及顶盖均采用填漆戗金法描绘海水云龙纹。箱的正面对开两门，可以卸下，箱内设十层长条形抽屉，抽屉脸上髹红色漆地，戗金斜卐字锦纹地。并间以篆书卐字纹。色彩明快疏朗。箱下设有低矮的云纹足托。

　　此箱装饰花纹流畅自如、形象生动，具有极高的艺术水平，再现了清初漆工艺的精湛水平。

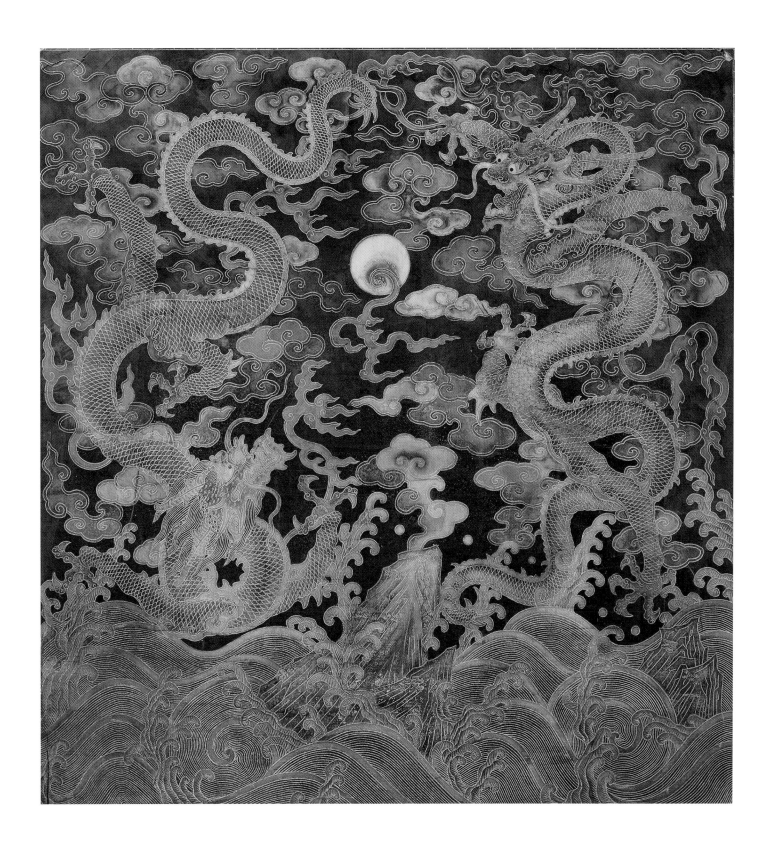

彩漆戗金鸿雁花卉纹方盒

<u>清中期</u>

面径 25 厘米　高 19.5 厘米

　　盒方形，连盖三层。通体黑漆地，再以填彩漆及戗金手法装饰花纹。盖面上部天际部分饰卍字锦纹地，下部饰松树、房屋、河水、山石、杂草、鸿雁等。天空有一只鸿雁正向岸边飞来，近处有耕牛吃草，一派祥和景象。盒体四面立墙均饰菊花、彩蝶、锦鸡等通景图画，边缘饰回纹。盒里及盒底髹朱漆。

183

彩漆戗金双凤纹长方盒

<u>清中期</u>

<u>长 28.3 厘米　宽 24 厘米　高 14.7 厘米</u>

盒委角长方形，髹朱漆地，用黄、绿、黑

等色漆填饰花卉纹。盖面开光，内填双凤戏牡丹，开光外饰黄色卍字锦地缠枝菊花纹。盖、器里为菊花锦地勾莲寿字纹，四角饰蟠螭、勾莲纹。上下口边刻卍字蝙蝠纹，足饰缠枝莲纹。盒里及足内髹黑光漆，外底上方有楷书填金"大清乾隆年制"款，款下有楷书"双凤长盒"四字。此盒做工精湛，戗金辉煌。

彩漆戗金双马图长方盒

清晚期

长 25.7 厘米　宽 6.8 厘米　高 5.3 厘米

　　盒长方形，通体髹橘黄色漆为地，饰彩漆戗金纹饰。盖面锦地绘一老树上缠绕着低垂的老藤，树下两匹骏马回首相向。周围点缀山石小草，一派祥和景象。盒壁饰填漆戗金蟠螭纹及勾莲纹。盒内髹褐色漆，置一屉，内盛毛笔、水盂、镇尺等物。盒底钤"卢葵生制"朱漆印章款。

　　卢葵生，名栋，字葵生，世籍扬州。清代嘉庆、道光时著名的漆器艺人。作品以漆砂砚最为著名，漆器文具多为百宝嵌、八宝漆等，彩漆戗金者不多见，故此器颇显珍贵。

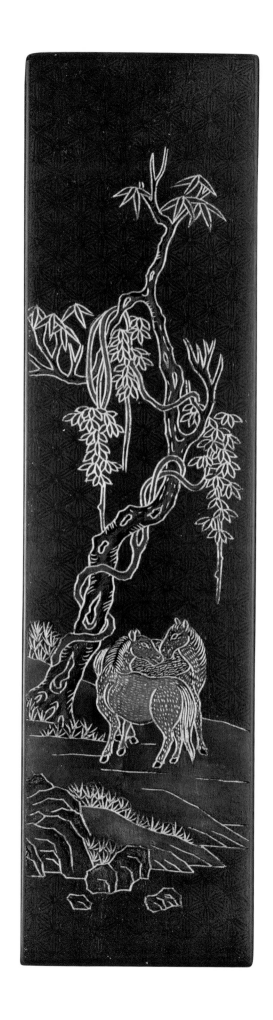

185

填漆缠枝莲梵文长方盒

<u>明中期</u>

<u>长 25.3 厘米　宽 15.5 厘米　高 9.5 厘米</u>

　　盒平盖面，平底，通体朱漆地，以彩漆填
饰花纹。盖面正中饰梵文，四周满饰缠枝莲纹。
梵文是佛教经典上常用的文字，莲花被佛教教
义认为是西方净土的象征。盒内髹黑光漆，存
放有清代御制题砚诗上、下两册。盒底髹黑漆。

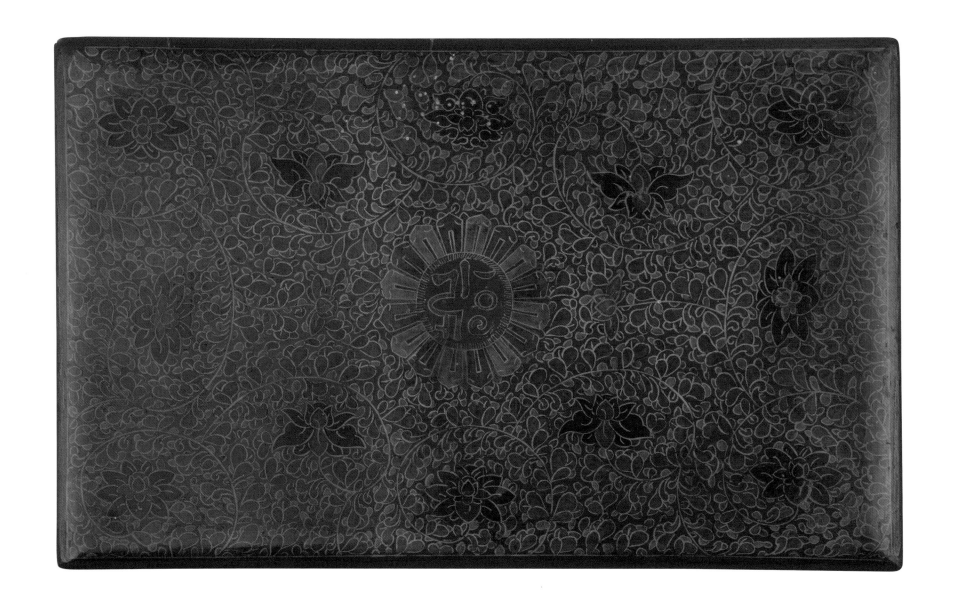

186

朱漆描黑漆双凤纹长方匣

明中期

长 22.5 厘米　宽 13 厘米　高 7.9 厘米

　　盒通体髹朱漆为地，上描黑漆缠枝莲纹。

盖面绘轻盈的双凰穿翔于缠枝莲花丛中。盒壁通景绘缠枝莲纹，盒内髹黑光漆，附一长方形屉。底髹朱漆。

　　此盒图案缜密，线条精细，笔意精深，为传世描漆作品中不可多见的珍品。"描漆"一名"描华"，即投色画漆。是在光素漆地上，用各种色漆描画花纹，其工艺在明代已达到很高水平。

彩漆戗金福寿纹长方套匣

清中期

长 34.1 厘米　宽 18.7 厘米　高 20.6 厘米

　　匣长方形。罩顶和四壁开光内饰戗金彩漆结绳蝠莲锦纹，有祈愿福寿安康之意。边缘饰连续回纹，棱角饰结绳纹。匣座亦饰戗金彩漆灵芝、佛手、竹叶纹等，四足卷云式。匣身饰卐字团寿锦纹，边饰回纹。有四个抽屉，各有铜拉手，屉面为八方卐字锦纹。屉里及匣底髹黑漆。为乾隆时期制作。

188

填漆锦纹提匣

清中期

长 39 厘米　宽 21 厘米　高 27.3 厘米

　　提匣凸字形，上有铜镀金錾衣提梁，底部四角置铜镀金錾衣足。匣盖及四壁均作开光，内填凸字纹、菊花锦纹。

　　匣通体以朱漆为地，以黄、绿、紫色漆填饰花纹。匣内及底髹里漆。此匣为清宫旧藏之物。

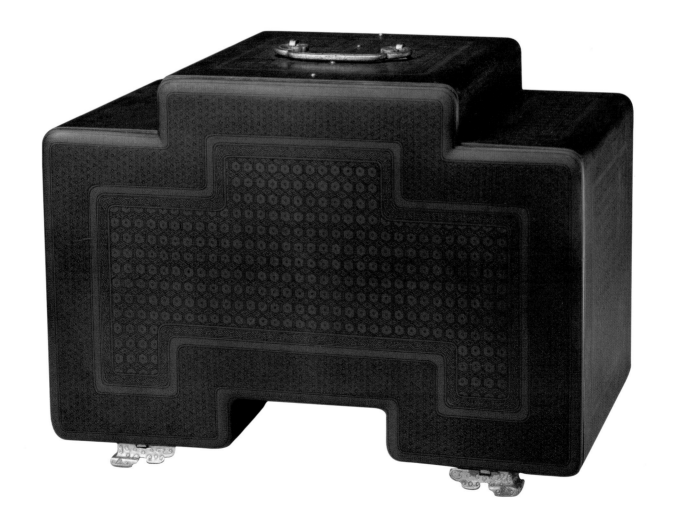

189

彩漆描金花鸟纹长方匣

清

长 23 厘米　宽 15.7 厘米　高 11.2 厘米

匣作长方形。通体髹香黄色漆，上用红、淡绿、淡紫、银灰等色描绘花纹，并用金勾勒纹理和轮廓。盖面为花鸟图一幅，玲珑奇石，上面侧身站立雉鸡一只，石旁有月季、桃花和翠竹，图案简约。四壁绘挺秀的梅竹纹。匣里为黑漆洒金地。

匣内贴有一张清宫流传下来的黄色纸条，上面书写"福建福州府工人沈绍安制"。由此可知，此匣乃沈氏家族作品。

据《闽侯县志》记载："沈绍安漆器创自乾隆年间，绍安字仲康，始得秘传，研究漆术，创造脱胎器具，工作精致。"沈绍安从我国泥塑佛像和夹纻造法中，创造出了别具一格的脱胎漆器。其颜色更是独特，以金粉、银粉做调和剂，调配出了许多前所未有的色彩，如珊瑚红、橘黄色、苹果绿等，这些颜色均为中间色彩，温和柔美，亚光光泽，还易于互相搭配。沈氏传到第五代，为黄金年代。各房自开漆器店，各店都以"沈绍安"在前，自家店记在后。如沈正镐为长房长孙，店号"沈绍安镐记"。光绪年间，作品入贡内廷，得到慈禧太后赏识，赐沈正镐、沈正恂四等商勋，五品顶戴，沈氏漆器声誉鹊起，海内外称之为"建漆"。

190

描油锦纹长方提匣

清

长 35.5 厘米　宽 19.5 厘米　高 25.8 厘米

　　匣长方形。匣顶和四壁开光内采用描油工
艺在蓝漆地上饰卍字纹及菊瓣锦纹，开光外饰
一圈团花纹，边棱饰回纹。匣顶上有铜鎏金提
手。侧壁为盖，边缘上方有一铜钮，转动此钮
即可打开提匣。匣内有屉三个，里髹黑漆。

　　描油工艺是以油代漆描绘花纹的做法。描
油与描漆的不同之处在于用油加催干剂，再兑入
颜料，可以调制出各种颜色，尤其是浅淡颜色。
如提匣上的蓝色漆地，是色相偏深的大漆调制不
出来的。因此，此工艺能够取得描漆所达不到的
艺术效果。

填漆云龙纹印套匣

清早期

长 55.5 厘米　宽 55.5 厘米　高 61.5 厘米

　　印匣四面以填彩漆手法装饰云龙纹。箱底座饰洼堂肚曲边，盝顶盖为两层，饰行龙；顶盖为乾隆时修。印匣每面饰以填彩漆龙纹图案，四周布流云纹。两侧饰提环各一个，正面上方有铜质錾花镀金面叶。色彩艳丽，做工精良。

红漆边框理沟戗金双龙捧寿纹
穿杨说屏风

清中期

通长约 648 厘米　单扇宽 54 厘米　高 282 厘米

　　屏风计十二扇，乾隆十七年制成，下部装
裙板，红漆为地，再以理沟戗金手法饰双龙捧
寿纹，前后两面相同；中间为纸地墨书《穿杨
说》行文，为乾隆皇帝御笔。他在阅读《战国策》
时，对养由基能"百步穿杨"产生疑虑，随即
作《穿杨说》散文一篇，以抒已见。文章一开
头，直截了当，点出此话不合事物情理，然后由
浅入深，有理、有力进行论证。乾隆皇帝认为，
"百步穿杨"不是射中一叶，而是射中杨树，如
果专指杨叶的话，亦非指定的一叶，而是一树
之叶。乾隆皇帝对自己能提出这一见解颇为得
意。为了显示自己的高明，特命工匠制作一架
十二扇的折叠屏风，亲自把《穿杨说》全文以
墨笔书写，命人裱贴在屏风上，陈于殿堂。

　　从这件屏风的制作说明乾隆皇帝不仅崇尚
武功，又善于思考，是个有独立见解的皇帝。

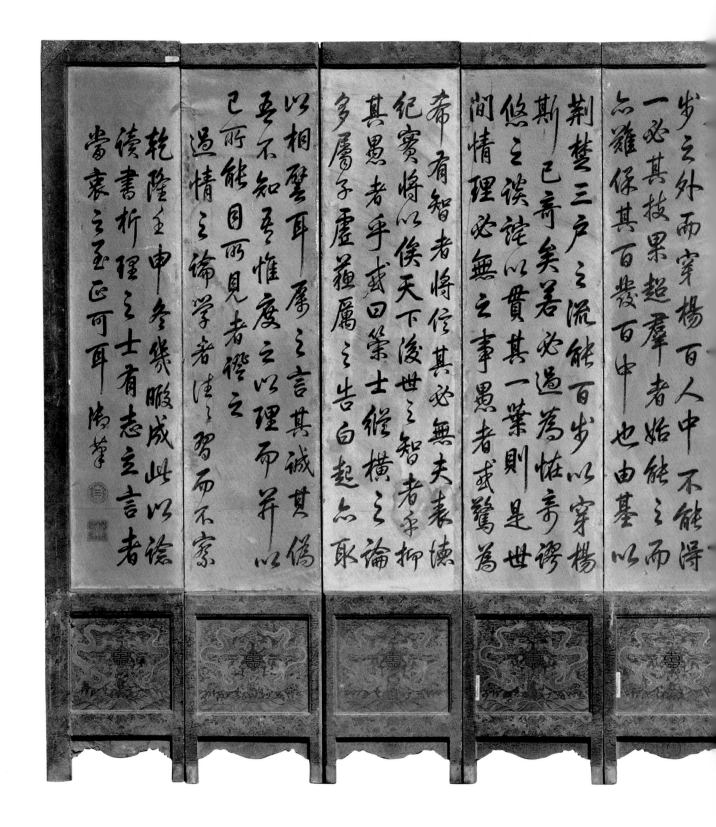

穿楊說

國策稱養基善射玄楊葉百步而射之百發百中夫由基固善射者也觀其飲羽貫札實有出眾之能然獲人者當於事物情理之尚焉其𥻘類絕倫而不至詭奇衒異令人可信斯已矣若穿楊云者第以文晦遂致義乖違令後世起由基本始有此匪囙襄之乃以貶之矣且楊葉寬以分計長以寸計於眾葉中指其一必將朱墨識之然後可夫此眾葉中之一葉立於二十步之外雖離安之明不能辨也由基無雖婁之明令其立於百步之外尚不能辨其雖何安能百發百中然則穿楊之說為偽乎曰何必偽當集篲射之人而較之三十步令中者不能五十步五十步令中者不能百步百步令中者不能百五十步盖物愈遠則視之愈小百步分立楊雖輪囷方大視如三十步之樹候耳況弓之激也地遠則力激至指以為雖何況穿楊乎是則穿楊云者剌言一樹之葉而作一葉的

步之外而穿楊百人中不能得
一必其技果超群者始能之而
亦難保其百發百中也由基以

荊棘三戶之流能百步以穿楊
斯齊美善必過為惟斯壽諉
悠之談誣以貫其一業則是世
間情理必無之事愚者或驚為

希有智者將信其必無夫表漬
紀實將以俟天下後世之智者毋柳
其愚者手或曰策士縱橫之論
多屬子虛屬之告白起一取耶

以相譬耳屬之言其誠其偽
吾不知吾惟度之以理而并以
已所能目而見者譬之
過情之論學者注之習而不察

乾隆壬申冬幾暇成此以諭
讀書析理之士有志立言者
當裹之玉而正可耳　御筆

刻灰又名"大雕填"，也叫"款彩"。一般在漆灰之上油黑漆数遍，干后在漆地上描画画稿；然后把花纹轮廓内的漆地用刀挖去，保留花纹轮廓。刻挖的深度一般至漆灰为止，故名"刻灰"。然后在低陷的花纹内根据纹饰需要填以不同颜色的油彩或金、银等，形成绚丽多彩的画面。特点是花纹低于轮廓表面，在感觉上，类似木刻版画。

堆灰刻灰家具

193

黑漆堆灰云龙纹顶柜

<u>清早期</u>

<u>长 92 厘米　宽 75.5 厘米　高 90 厘米</u>

顶柜分为两组，每两件合拼为一层，重叠
两层放在一个底柜上。其高度几乎贴近天花板，
达 518.5 厘米。每柜对开两门，门板正中以堆
灰手法作菱纹开光，当中用漆灰堆起到一定高
度后雕刻龙纹，经磨光后上金胶（音：脚），将
金箔粘上去。除纹饰部分外，其余全部为黑漆
地，金碧辉煌的龙纹在黑色漆地的衬托下，显
得格外醒目。

顶柜现存八件，原为坤宁宫西炕两侧所设
立柜。据清宫档案记载，乾隆十八年因坤宁宫
大柜底柜年久漆面破损，即将原柜撤下收贮，
另做一对花梨木大柜陈放原处。漆柜的底柜因
漆面伤损严重，着令改作别用，因此，只留这八
只顶柜保存至今。

194

黑漆款彩百鸟朝凤围屏

明末清初

通长 351 厘米　单扇宽 43 厘米　高 218.5 厘米

屏分八扇，有挂钩连接，为便于弯曲，屏与屏之间留有 1 厘米宽的缝隙。屏风两面刻画图案，一面为通景"百鸟朝凤图"，图中以一凰一凤为中心，百鸟围绕四周，衬以奇花异木，树石花卉。另一面为"三国故事图"，雕刻远山近水、树石花草及人马、旗帜、营寨等。有的正在激烈交战，有的正在指挥，人物马匹刻画的

生动自然。图案四边以各式花卉和菱纹开光圈边，开光内雕刻螭虎、灵芝。圈边外上下左右雕刻各式博古及花卉纹。图案布局合理，刻画精细入微，色彩明快艳丽，是明末清初较常见的漆工艺品种。

描金彩绘人物花鸟围屏

<u>清早期</u>

<u>通长 600 厘米　单扇宽 49.5 厘米　高 323.5 厘米</u>

　　屏风为十二扇组合，每扇之间用挂钩连接，可开合。屏风外围雕填一圈博古花卉纹，里外各饰一圈描金花边。屏心饰通景画，正面雕填彩绘树木、楼台、人物、彩云等，下角有两支帅旗，描绘的古代历史故事。背面四围亦刻画博古图，只是图案与正面略有不同。屏心饰通景画，以同样手法刻画各种树石、花鸟、彩云等。

　　另一件围屏尺寸及周边纹饰与前相同，而屏心正中图案内容虽相同，图案纹饰却不同。正面雕填彩绘群山、亭阁、树木、人物，天上有仙人乘祥云而来。从画面分析，应为一幅神话故事。背面刻通景山石花鸟图，正中两扇刻一只孔雀，周围点缀各种瑞鸟。

　　屏风木胎髹黑漆，以刻灰（刻灰，又名"款彩、大雕填"）手法两面装饰花纹。

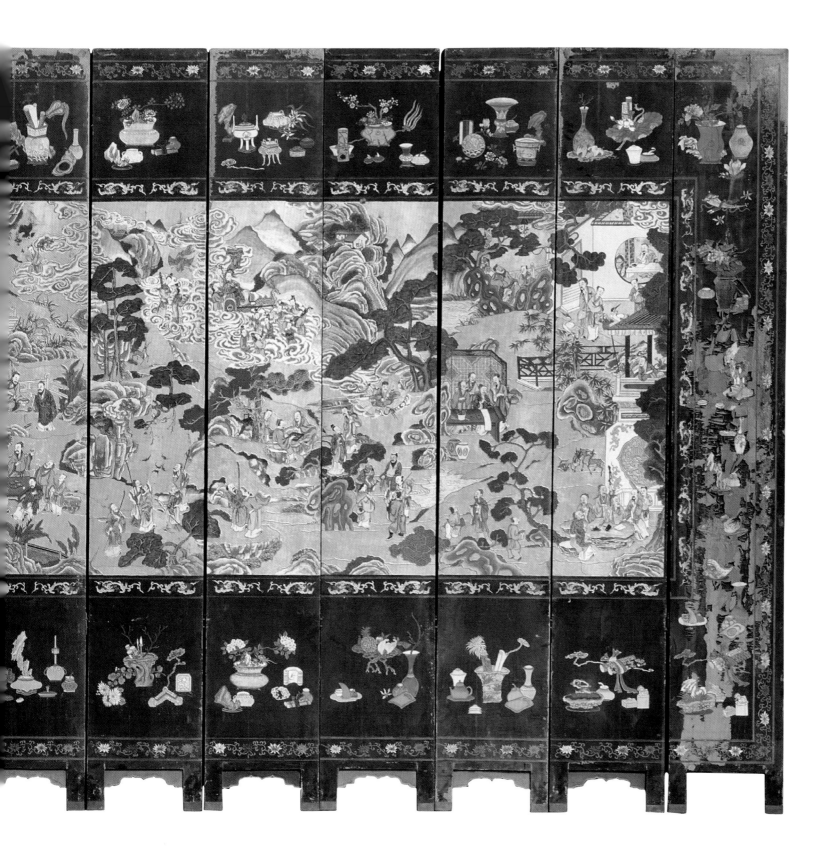

196

锦边金书万寿赋围屏

清早期

通长 640 厘米　高 310 厘米

屏风共十扇，边框木胎，以方格绵包镶，连为一体，可以 360 度折叠。上楣板和下绦环板饰双夔纹，下脚包铜套足，显得庄严、气派。

屏风正面为绢地行书《天马赋》全篇，下裙板部分镶黑漆板心，一画一诗，画板以识文描金手法饰飞兽、腾狮、奔龙、翔凤和麒麟各一对。诗板以刻灰描金手法留出文字，分别为西周时期的周南、汉代邹子乐、宋代苏东坡、唐代沈全期等名家咏异兽诗赋。

屏风背面上为金纸糊地，分别有康熙时期的宠臣和文士黄机、吴正治、宋德宜、梁清标、李仙根、杨正中、陈廷敬、张玉、沈全、严我斯十人的墨书题诗，都是为帝王歌功颂德之词。下部亦一诗一画，画板用刻灰手法雕唐代名人竹谱，诗板也用同样手法雕刻张九龄、元稹、虞世南、黄山谷、吕太一的咏竹诗。

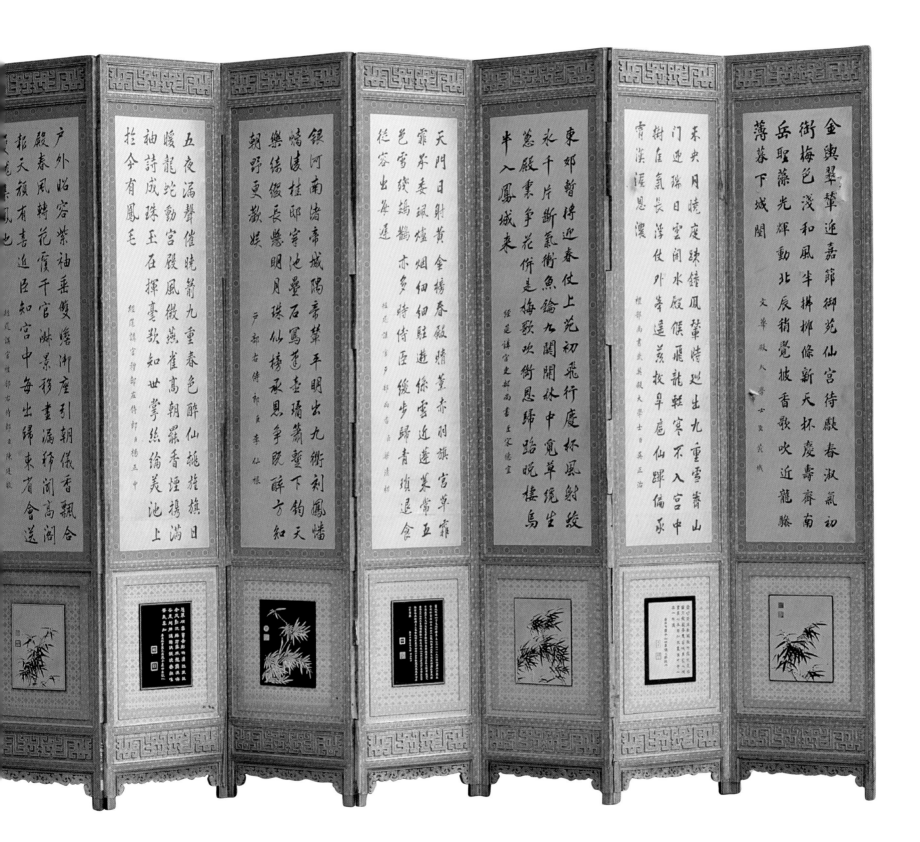

明清两代漆家具除上述一种工艺或两种工艺结合外，还有综合多种工艺于一身的代表作品。在故宫博物院收藏的传世实物中，这方面的实物也很多。如镶嵌刺绣等，他们也属于彩绘范畴。

综合工艺家具

197

紫檀边菠萝漆面圆转桌

清中期

面径 118.5 厘米　高 84.5 厘米

　　桌为圆形，以紫檀木做边框、花牙及底座。面下正中有圆柱，圆柱中心安铁轴。面下自中心有六条横枨向四外伸展，与边框连接。每条横枨下有夔龙纹托角牙，将桌面与圆柱牢牢固定。桌面正中镶板，以漆工技法做出菠萝漆面。底座略具葵瓣形，带束腰，黑漆心，正中安立柱，四围有夔龙纹站牙抵夹，在立柱正中做出圆孔，上节立柱的铁轴就插在下节的圆孔里。桌面与底座组装好后，桌面可以根据需要，随时随意往来转动。

　　此桌设计合理，结构严谨精密，创意性强。尤其是桌心的漆面，做工复杂，具有较高的艺术价值和历史价值。

198

黑漆描金云龙纹书格

明晚期

长 157 厘米　宽 63 厘米　高 173 厘米

　　书格为齐头立式，分三层，后有背板，两侧面各层装壸门形券口牙子。

　　书格通体黑漆地洒嵌螺钿碎沙屑加金、银箔，格内三层背板前面饰描金双龙戏珠纹，间以朵云立水纹。边框开光饰描金赶珠龙，间以花方格锦纹地。屉板饰描金流云纹，两侧壸门形券口牙子饰描金串枝勾莲纹，足间镶拱式牙条和牙头。黄铜足套。背面绘花鸟三组，边框绘云纹。背面上边刻"大明万历年制"填金款。

黑漆描金平脱云龙纹箱

<u>明</u>

<u>长 66.5 厘米　宽 66.5 厘米　高 81.5 厘米</u>

　　箱齐头立方式，上开盖，下设平屉。前脸安插门，内装抽屉五具，平屉内有销，直抵插门上边。盖正面有铜扣吊，可以上锁。扣吊两旁及箱体两侧配桃形铜护叶，两侧箱壁中部安铜提环。上盖及四面饰双龙戏珠纹，一条龙用铜片以平脱技法嵌成，一条龙为嵌螺钿，龙发、龙角、龙脊均用银片嵌成，间布描金、银云纹。插门内以描彩漆饰双龙纹。黑素漆里，盖内正中描金"大明万历年制"楷书款。

　　"平脱"是一种漆器与金、银、铜片相结合的工艺，即在金、银、铜等薄片上施以各种形式的毛雕，平贴在漆面上，显示出不同质感的图案效果。

　　此箱为一对，是皇帝巡狩时存贮衣物的用具。其运用了镶嵌、描金、平脱等多种工艺，为明代漆工艺的集大成之作。

图版索引

堆灰刻灰家具

综合工艺家具

后 记

　　《故宫经典》是从故宫博物院数十年来行世的重要图录中，为时下俊彦、雅士修订再版的图录丛书。

　　故宫博物院建院八十余年，梓印书刊遍行天下，其中多有声名皎皎人皆瞩目之作，越数十年，目遇犹叹为观止，珍爱有加者大有人在；进而愿典藏于厅室，插架于书斋，观赏于案头者争先解囊，志在中鹄。

　　有鉴于此，为延伸博物馆典藏与展示珍贵文物的社会功能，本社选择已刊图录，如朱家溍主编《国宝》、于倬云主编《紫禁城宫殿》、王树卿等主编《清代宫廷生活》、杨新等主编《清代宫廷包装艺术》、古建部编《紫禁城宫殿建筑装饰——内檐装修图典》等，增删内容，调整篇幅，更换图片，统一开本，再次出版。唯形态已经全非，故不再蹈袭旧目，而另拟书名，既免于与前书混淆，以示尊重；亦便于赓续精华，以广传布。

　　故宫，泛指封建帝制时期旧日皇宫，特指为法自然，示皇威，体经载史，受天下养的明清北京宫城。经典，多属传统而备受尊崇的著作。

　　故宫经典，即集观赏与讲述为一身的故宫博物院宫殿建筑、典藏文物和各种经典图录，以俾化博物馆一时一地之展室陈列为广布民间之千万身纸本陈列。

　　一代人有一代人的认识。此番修订，选择故宫博物院重要图录出版，以延伸博物馆的社会功能，回报关爱故宫、关爱故宫博物院的天下有识之士。

2007 年 8 月